従属の代償
日米軍事一体化の真実

布施祐仁

講談社現代新書
2754

はじめに

「戦後最も厳しく複雑な安全保障環境」――近年、日本政府が安全保障について語る時に枕詞のように使うフレーズです。確かに、台湾海峡の緊張激化や北朝鮮の核・ミサイル開発、中国とロシアの関係強化など、日本を取り巻く安全保障環境は第二次世界大戦後最も厳しいものになっていると言ってもいいでしょう。

そんな中、「近い将来、日本が戦争に巻き込まれてしまうのではないか」と不安を抱く方もいらっしゃるのではないでしょうか。私自身、安全保障を専門とするジャーナリストとして20年以上活動してきた中で、今ほど戦争の危機を感じる時はありません。

「日本は（中略）第二次世界大戦の荒廃から立ち直った控え目な同盟国から、外の世界に目を向け、強く、コミットした同盟国へと自らを変革してきました」

2024年4月に岸田文雄首相が米国連邦議会で行った演説の一節です。首相は、日米同盟をいっそう強固なものにするため、自らが先頭に立って防衛力の抜本的な強化を進めてきた成果をアピールし、「日本は米国と共にある」と強調しました。

この言葉に象徴されるように、日本政府は米国とどこまでも行動を共にすることで、厳しい安全保障環境を乗り切ろうとしています。

防衛の現場を取材していると、私のようにこの分野を専門としている者でもついていけなくなるほど、物凄いスピードで自衛隊の軍備強化と米軍との一体化が進んでいます。首相自身が「戦後の安全保障政策の大転換」と認めるような政策を矢継ぎ早に進める日本政府の対応の陰には、「米国に見捨てられるかもしれない」という不安が見え隠れします。しかし、このまま米軍と軍事的に一体化する道を突き進んでいってよいのでしょうか。

少し前に、「新しい戦前」という言葉が注目を集めました。私たちが生きる現代は、果たして本当に「戦後」でしょうか。このまま、これからも「戦後」であり続けることはできるのでしょうか。未来ある子どもたちに、私たちの時代を「戦前」と呼ばせないためにも、この国の安全保障の在り方を今一度見つめ直してみる必要があります。

日米ミサイル部隊の一体化

最近の動きで私が特に注目しているのは、米軍と自衛隊のミサイル部隊の一体化です。

ハワイ周辺で1年おきに実施される「リムパック（RIMPAC）」という米海軍主催の多国間合同軍事演習があります。

2018年のリムパックでは、日米のミサイル部隊による共同対艦戦闘訓練（洋上の敵艦艇を攻撃する訓練）が史上初めて実施されました。

訓練はハワイ・カウアイ島にある米軍太平洋ミサイル試射場で行われ、日本側は熊本県を拠点とする陸上自衛隊第五地対艦（ちたいかん）ミサイル連隊、米側はワシントン州を拠点とする米陸軍第十七野戦砲兵旅団が参加しました。

米陸軍の無人偵察機と海上自衛隊の哨戒機、そしてオーストラリア軍の哨戒機が太平洋上を航行する「敵艦」の位置情報などを収集し、それに基づいて日米の部隊がミサイルを発射しました。

まず米陸軍がノルウェー製の地対艦ミサイル「NSM」を発射し、続いて陸上自衛隊が「12式（ひとにい）地対艦誘導弾（ミサイル）」を発射しました。発射されたミ

写真0-1　米陸軍との共同対艦戦闘訓練に参加する陸上自衛隊の地対艦ミサイル部隊＝2018年7月

出典：米インド太平洋軍公式ウェブサイト

サイルは火炎を噴射しながら勢いよく上昇し、あっという間に空の彼方に消えました。

日米のミサイルは、共にカウアイ島の沖合約100キロを航行する目標艦（米海軍の退役艦）に見事命中しました。

米軍準機関紙「星条旗」のオンライン版に掲載された記事（2018年7月13日付）によると、米太平洋陸軍のロバート・ブラウン司令官はこう述べたといいます。

「（陸上）自衛隊の兵器システムが、米国の火力統制下（under U.S. fire control）に置かれるのは『史上初』だ」

陸上自衛隊のミサイルは、米軍の統制下で発射されたというのです。これは、陸上自衛隊のミサイル部隊が米陸軍のミサイル部隊に組み込まれる形で一体化していることを意味します。

このように自衛隊と米軍が一体となって地対艦ミサイルで攻撃を行う訓練は近年、日本国内でも頻繁に行われています。これは、これまでにはなかった新しい状況です。

陸上自衛隊と米陸軍の共同対艦戦闘訓練が日本国内で初めて実施されたのは、2019年のことです。米本土から陸軍の「HIMARS（ハイマース）」（高機動ロケット砲システム）部隊が展開し、熊本県の大矢野原演習場で陸上自衛隊の地対艦ミサイル部隊と非実射訓練（ミサイルは発射せずに一連の手順を演練する）を行いました。

ＨＩＭＡＲＳは機動性の高い小型のミサイル発射機で、ロシアの軍事侵攻に抵抗するウクライナ軍にも供与されています。現在は対地攻撃用ですが、米軍は今後、対艦攻撃にも活用する方針です。

ＨＩＭＡＲＳは米海兵隊も運用しており、沖縄にも配備されています。陸上自衛隊は米海兵隊とも共同対艦戦闘訓練を繰り返しています。

２０２２年には、南西諸島[※1]で初めて、陸上自衛隊と米陸軍による共同対艦戦闘訓練が行われました。

鹿児島県の奄美大島に米本土から陸軍のＨＩＭＡＲＳ部隊が展開し、２０１９年に同島へ配備された陸上自衛隊の地対艦ミサイル部隊と非実射訓練を行ったのです。

訓練終盤、太平洋地域の米陸軍トップである太平洋陸軍司令官と陸上自衛隊トップの陸上幕僚長が揃って奄美駐屯地を訪れ、記者会見を開きました。このことからも、米軍と自衛隊がこの訓練を重要視していることがわかります。

※1　南西諸島とは、鹿児島県の薩南諸島から台湾に近い沖縄県の先島（さきしま）諸島までの約１２００キロにわたって連なる島々のこと。「琉球弧」とも呼ぶ。

写真0-2　奄美駐屯地で会見する米太平洋陸軍のフリン司令官と吉田圭秀陸上幕僚長＝2022年9月8日
出典：米国防総省画像配信サイトDVIDS

米太平洋陸軍のチャールズ・フリン司令官は「最近の中国の振る舞いに強く懸念を抱いている」と語り、共同訓練で米軍と自衛隊の相互運用性を高めることが抑止力強化につながるとして、「（共同訓練こそ）団結と集団的決意を示すものだ」と訴えました。

吉田圭秀（よしひで）陸上幕僚長も「中国が東シナ海で力による現状変更をより強めている。日米の相互運用性をもう一段高いレベルに上げたい」と話し、米軍とのさらなる「一体化」に意欲を見せました。

急速に進む大型弾薬庫の増設

ミサイルをめぐる動きは、米軍との共同訓練だけではありません。日本政府が今まさに計画している大型弾薬庫の全国的な増設は、ミサイルの大量保有を意味します。

防衛省は２０２３年度、大分県の陸上自衛隊大分分屯地（大分市）と青森県の海上自衛隊大湊（おおみなと）地方総監部（むつ市）で新たな弾薬庫の建設工事に着手しました。

大分では、分屯地内の山にトンネルを掘り、ミサイルを保管する大型弾薬庫を9棟も新たに造る計画です。防衛省は、スタンド・オフ・ミサイルも保管できる弾薬庫と説明しています。

スタンド・オフ・ミサイルとは、敵の脅威圏外から攻撃できる長射程のミサイルのことで、2024年現在三菱重工などが開発を進めています。防衛省はこれを最終的に1000発以上保有する方針です。「反撃能力」の保有を決めた2022年12月の「安保三文書[※2]」の閣議決定により、敵国領土内の軍事施設などへの攻撃に使用することも可能になりました。

最も早く完成する予定なのが、陸上自衛隊の12式地対艦誘導弾の射程を現在の約200キロから約1000キロに延ばした「能力向上型」で、2025年度からの配備が計画されています。大分分屯地に新たに建設する9棟の大型弾薬庫にも、このミサイルが貯蔵されると思われます。

防衛省は2024年度、大分分屯地の他にも、沖縄本島の沖縄訓練場（沖縄市）、奄美大島

※2　国の外交安全保障政策の基本方針を定める「国家安全保障戦略」、同戦略に基づき防衛の目標及びそれを達成するためのアプローチと手段を示す「国家防衛戦略」、保有すべき防衛力の水準と中長期的な整備計画を示す「防衛力整備計画」の3文書を指す。

写真0-3　2022年に横須賀の比与宇（ひよう）地区に完成した海上自衛隊の大型弾薬庫　筆者撮影

の瀬戸内分屯地（瀬戸内町）、宮崎県のえびの駐屯地（えびの市）、京都府の祝園（ほうその）分屯地（精華町）、同じく京都府の海上自衛隊舞鶴基地（舞鶴市）などでも大型弾薬庫の新設・増設に着手します。

私が住む神奈川県には、海上自衛隊と在日米海軍の最大拠点である横須賀基地（横須賀市）があります。ここでは一足早く２０２２年に新たな大型弾薬庫が２棟完成しました。

海上自衛隊も、米国から４００発購入する巡航ミサイル「トマホーク」（射程１６００キロ以上）の配備を２０２５年度から開始する計画です。横須賀基地はトマホークを搭載するイージス艦の母港となっており、この大型弾薬庫にも同ミサイルが貯蔵される可能性があります。

防衛省は、２０３２年頃までに全国で約１３０棟もの弾薬庫を増設する方針です。日本列島は「ミサイル列島」と化すことになります。

米軍の地上発射型中距離ミサイルの配備

さらに、今後大きな問題として浮上してくるのが、米軍の地上発射型中距離ミサイルの配備です。

米軍は現在、最大のライバルである中国に対抗するため、ミサイル戦力の強化に力を入れています。特に重要視しているのが、射程距離が５００〜５５００キロ級の地上発射型中距離ミサイルです。タイプや射程距離の異なる数種類のミサイルを開発しており、これらの一部をアジア太平洋地域に配備する考えを表明しています。２０２４年４月には、トマホークを地上から発射することができる新型の発射機を、訓練で初めてフィリピンに展開しました。

米国は最終的に地上発射型中距離ミサイルを日本に配備しようとする――これが私の見立てです（その理由については、本編で詳しく述べます）。

米国が地上発射型中距離ミサイルを日本などに配備した場合、中国とロシアは対抗措置をとるとすでに明言しています。北朝鮮もそうするでしょう。日本も含めて、東アジアは激しいミサイル軍拡競争の時代に突入することになります。

そして、ミサイルは核兵器とも深く関連しています。

人類が破滅的な核戦争に最も近づいたと言われる１９６２年のキューバ危機も、ソ連が米国に近いキューバに地上発射型中距離ミサイルを配備したのが原因となりました。米国は、国土の大部分がソ連の核ミサイルの射程圏内に収まる現実を絶対に容認できませんでした。米国が中国やロシアに近い日本に地上発射型中距離ミサイルを配備すれば、これとよく似た構図になります。

米国政府は、これから配備する地上発射型中距離ミサイルは通常弾頭用で、核弾頭の使用は考えていないと説明しています。しかし、これはあくまで政策の話であり、能力的には、その気になればいつでも核弾頭を使用できるようにすることが可能です。中国やロシア、北朝鮮は、米国の政策はいつでも変わり得るという前提で対応するでしょう。

キューバ危機は間一髪のところで核戦争が回避されましたが、次に同じような危機が起きた場合、回避される保証はありません。そして、その舞台が日本になるという「最悪のシナリオ」が考え得るのです。

本書では、まず南西諸島で進められてきた陸上自衛隊の地対艦ミサイル部隊配備の動きを取り上げ、地対艦ミサイルを軸とする日米の軍事一体化がどのように進んできたのかを詳述します（第1章）。その上で「近未来の予想図」として、地対艦ミサイルだけでなく中国本土を射程に収める日米の中距離ミサイルが日本に配備され、中国との間でミサイル軍拡競争が激化しかねないという現実（第2章）、在日米軍司令部に有事の指揮・統制権が付与されることにより米軍と自衛隊の指揮・統制機能の統合がいっそう進み、「台湾有事」などで自衛隊が事実上米軍の指揮下で戦う体制がつくられようとしている状況（第3章）、米国が中国に対抗して戦域核兵器の増強に踏み出す可能性があり、一部では日米間の「核共有」の議論もなされているという点（第4章）――の三つを取り上げ、それぞれのリスクを分析します。さらに、日米同盟の歩みを振り返り、日本が戦後一貫して米国の核兵器戦略に深く組み込まれてきた事実を提示しつつ、かつて日本政府が国民についた核兵器の持ち込みに関する「嘘」を明らかにします（第5章）。最後の章では、キューバ危機のような核戦争の危険を回避するために日本がとるべき外交安全保障政策について、ASEANと連携した仲介外交や軍備管理・軍縮への転換など、私なりのビジョンを記しました。

はっきりしているのは、もはや「他人任せ」「他力本願」では平和を守っていけない時代になっているということです。この国の主権者である国民一人ひとりが自分の頭で考え、自分なりの答えを出して行動する――そのような主体性が今ほど必要になっている時はありません。

核戦争という「最悪のシナリオ」を回避できるかは、私たち一人ひとりの行動にかかっています。

目　次

はじめに ―― 3

日米ミサイル部隊の一体化／急速に進む大型弾薬庫の増設／米軍の地上発射型中距離ミサイルの配備

第1章　南西の壁 ―― 19

石垣島に陸自ミサイル基地／石垣駐屯地に米海兵隊が展開／「南西の壁」が完成／米軍が危機感を強めた中国の接近阻止能力／米国でも「南西の壁」構想に注目／米インド太平洋軍司令官のイニシアティブ／海兵隊の遠征前進基地作戦（ＥＡＢＯ）／ＥＡＢＯに同盟国の部隊も活用／南西諸島が「戦場」に／２０２１年から始まった「台湾有事シフト」／台湾有事のシミュレーションと日本の関与／敵基地攻撃が可能なミサイルの配備と住民の不安／【コラム】自衛隊の概要

第2章　中距離ミサイルがもたらす危機 ―― 57

30年ぶりのミサイル発射／中国の中距離ミサイルへの対抗／米軍が開発中の地上発射型中距離ミサイル／日本への配備の可能性は？／日本も地上発射型中距離ミサイルの保有へ／ミサイルの配備場所は？／敵基地攻撃能力の保有と「見捨てられる恐怖」／中国政府は「対抗措置」を明言／核戦争の一歩手前まで進んだキューバ危機／核戦争のリスクを高める極超音速滑空弾／【コラム】ミサイルの種類

第3章　米軍指揮下に組み込まれる自衛隊 ―― 89

同盟史上「最も重要なアップグレード」／実質的にNATO・米韓同盟方式に近づけるのが米国のねらい／同盟国と「シームレスな統合」目指す米IAMD／日本のIAMDは米国のIAMDとは別物？／秘密裏に行われていた日米協議／日米豪でIAMDの「実験」／指揮権をめぐる日米同盟の歴史①――指揮権密約／指揮権をめぐる日米同盟の歴史②――ガイドライン制定／在日米軍司令部の強化／自衛隊は「米軍の一部」に／【コラム】在日米軍の概要

第4章　日本に核が配備される可能性――129

トゥキディデスの罠／米国が最も守ろうとしているもの／2049年までに世界トップを目指す中国／「核抑止は米国の最優先課題」／中国の核軍拡と「2035年問題」／核軍拡競争の時代に逆戻りする危険／戦域核兵器の軍拡競争も／「日本は核武装するだろう」／外務省内で核武装のオプションを検討／NATOの「二重鍵」方式の日本への導入を提言／「核共有」を検討すべきと主張する人々／核攻撃の共同作戦計画／核攻撃作戦に自衛隊が参加？／台湾有事が核戦争にエスカレートする危険／【コラム】核兵器の種類

第5章　日米同盟と核の歴史――165

日米同盟の「出発点」／日本への核兵器配備構想と「事前協議の嘘」／事前協議制の導入と核密約／「核抜き」沖縄返還と極東有事の「核再持ち込み密約」／欧州への中距離ミサイル配備とアジアへの核トマホーク配備／欧州で史上空前の反対運動／冷戦終結と戦域核兵器の撤去／民主党政権が行った密約調査とその処理の問題点／気になる辺野古での弾薬庫建て替え――核兵器の運用も想定か

第6章　米中避戦の道　199

台湾有事の住民避難計画策定へ／台湾有事で日本全体が戦場に／核兵器使用のシミュレーションの結果は……／米中戦争の危険性はどれくらいあるのか？／台湾をめぐり米中の緊張が高まっているのはなぜか／「計算違い」による米中戦争のリスク／「安全保障のジレンマ」に陥らないために／米中対立の克服目指すＡＳＥＡＮの仲介外交／ベトナム戦争終結をきっかけに冷戦思考から脱却／「東西対立の最前線」から「平和共存の発信源」へ／グローバルサウスの台頭と新たな可能性／日本は専守防衛を貫き、ＡＳＥＡＮと連携して仲介外交を／自主外交でアジアの平和に貢献した日中国交正常化／独立自尊の精神で冷戦の克服を目指した石橋湛山(たんざん)／日本がとるべきミサイル・核政策

おわりに　249

主要参考文献　253

＊本書に記載されている人物の階級・職名、組織・機構名、地名、部隊の配備などは、すべて当時のもの
＊本文中、一部敬称略
＊訳者の記載がないものについては、すべて筆者訳

第1章　南西の壁

石垣島に陸自ミサイル基地

沖縄本島の南西約400キロに位置する石垣島。美しいサンゴ礁とコバルトブルーの透き通った海に囲まれ、スキューバダイビングやシュノーケリングなどマリンレジャーを楽しめるリゾート地として国内屈指の人気を誇ります。

人口は約5万人で、冬でも平均気温が20度近くある温暖な気候と豊かな自然環境を活かした観光業の他、さとうきびやパイナップル栽培などの農業、石垣牛の飼育をはじめとする畜産業、沿岸漁業といった第一次産業が盛んです。

この島に2023年3月、陸上自衛隊の新しい駐屯地が開設されました。

沖縄県最高峰・於茂登(おもと)岳（526メートル）の南側連山の麓に開設された「石垣駐屯地」には、八重山(やえやま)諸島（石垣島、竹富島、西表(いりおもて)島、与那国島、波照間(はてるま)島など大小32の島々で構成される）の警備を担う「八重山警備隊」を中心に、総勢約570人の隊員が配備されました。

駐屯地開設記念式典に参列した浜田靖一(やすかず)防衛大臣は、隊員たちに次のように訓示しました。

「石垣島をはじめとする先島諸島[※1]は我が国防衛の最前線に位置する。南西地域における防衛体制の強化は我が国を守り抜く決意の表れであり、諸君はその先鋭だ。隙のない防衛体制は諸君の肩にかかっている」

石垣島は、沖縄本島よりも台湾の方が近い（台北までの距離は約270キロ）「国境の島」ですが、これまでは自衛隊基地も米軍基地もない軍事とは無縁の島でした。それが一気に「我が国防衛の最前線」へと押し出されたのです。

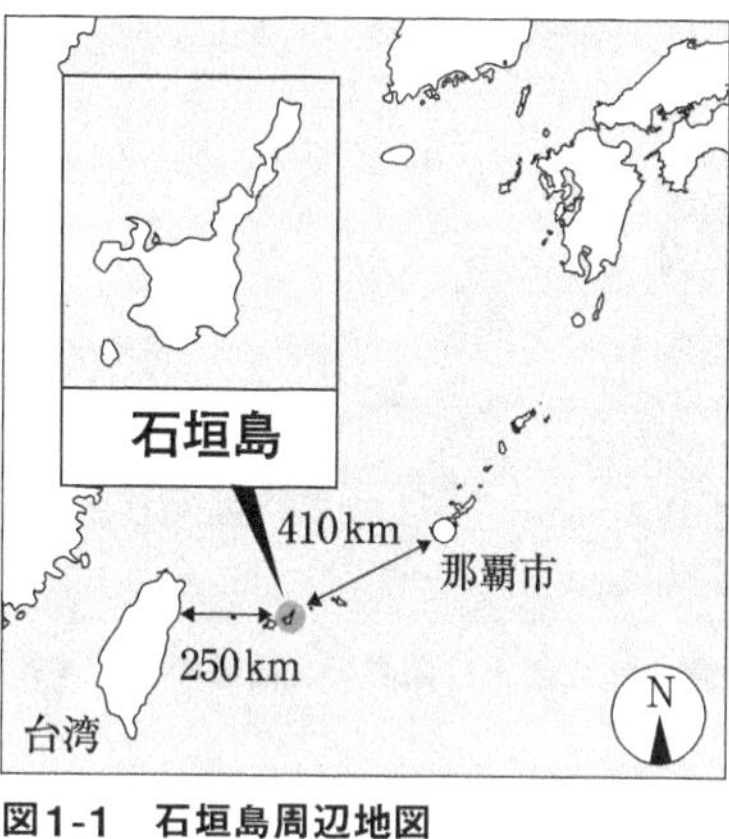

図1-1　石垣島周辺地図

式典が開かれた日、沖縄らしい赤瓦屋根の真新しい庁舎に囲まれた駐屯地内の広場には、配備された2種類の移動式ミサイル発射機が置かれていました。

一つは地上から洋上の敵艦船を攻撃する「12式地対艦誘導弾」、もう一つは接近する敵のミサイルや航空機を迎撃する「03（まるさん）式中距離地対空誘導弾」の発射機です。2種類とも全長10メートル超

※1　先島諸島は、宮古島を中心に大小八つの島からなる宮古諸島と八重山諸島を合わせた地域。

写真1-1　石垣駐屯地に配備された陸上自衛隊の2種類のミサイル発射機　筆者撮影

のトラックの荷台に、ミサイルを格納するキャニスター（箱状の容器）を6個搭載しています。

発射機の後方には、ミサイルなどの弾薬を貯蔵する弾薬庫が3棟連なっています。陸上自衛隊の広報担当者が「後ろの弾薬庫は撮影しないでください」と報道陣に指示し、現場に緊張が走りました。

石垣駐屯地は、地対艦ミサイル部隊と地対空ミサイル部隊が配備され、ミサイル弾薬庫も備える「ミサイル要塞基地」なのです。

石垣駐屯地に米海兵隊が展開

「米軍との共同使用や共同訓練は現段階では全く計画されていません」

石垣駐屯地が開設された際、駐屯地司令の井上雄一朗・八重山警備隊長はこう明言しました。

ところが、7ヵ月後の2023年10月、石垣駐屯地で陸上自衛隊と米海兵隊の共同訓練が早くも実施されました。

陸上自衛隊と米海兵隊の共同訓練「レゾリュート・ドラゴン（不屈の龍）」の一環で、沖縄本島から約80人の米海兵隊員が石垣駐屯地にやって来たのです。石垣島で史上初めての日米共同訓練でした。

訓練のメインは、指揮所訓練でした。

石垣駐屯地内に「日米共同調整所」が設置され、陸上自衛隊と米海兵隊の共同作戦を想定した机上訓練が行われました。日米共同調整所とは、自衛隊と米軍の前線部隊の指揮官が同じ部屋で情報を共有しながら一体となって指揮を行う、事実上の「戦闘指揮所」となる場所です。

指揮所訓練の他にも、米海兵隊が持ち込んだ移動式対空警戒レーダーによる警戒・監視訓練も行われました。

レーダーは２０１８年から部隊への配備が開始された「ＴＰＳ80」という最新鋭の機種で、それまで米海兵隊が運用していたレーダーと比べて敵の航空機や巡航ミサイルを探知できる範囲が２倍以上に広がったといいます。

有事の際、米海兵隊はこのレーダーを前線に近い場所に展開し、敵の航空機や巡航ミサイルを探知した場合は地対空ミサイルなどを用いて迎撃します。

写真1-2　日米共同訓練で陸上自衛隊石垣駐屯地に展開した米海兵隊の最新鋭レーダー　筆者撮影

前述したとおり、石垣駐屯地には陸上自衛隊の地対空ミサイル部隊が配備されています。米海兵隊のレーダーが石垣島に展開すれば、その情報に基づいて陸上自衛隊が迎撃を行うといった連携も十分にあり得ます。

石垣駐屯地に陸上自衛隊の地対空ミサイルと米海兵隊が誇る最新鋭の移動式レーダーが並ぶ光景は、急速に進む日米の〝軍事的一体化〟を象徴する場面のように私の目には映りました。

訓練を視察した在日米海兵隊トップのジェームズ・ビアマン第三海兵遠征軍司令官は記者会見で次のように語りました。

「私たち（米海兵隊と陸上自衛隊）は共にいることで一番強くなれます。私たちは共に行動し、両国がインド太平洋地域の平和と自由そして安全のために協力する決意を示すような強いメッセージを、敵対しようとする国々に送ろうと努めています」

同司令官は「敵対しようとする国々」として、具体的に中国と北朝鮮を名指ししました。

「南西の壁」が完成

防衛省は2024年3月、沖縄本島にも新たな地対艦ミサイル部隊を配備しました。配備先は、沖縄本島中部東海岸・勝連（かつれん）半島にある陸上自衛隊勝連分屯地（うるま市）です。

南西諸島への地対艦ミサイル部隊の配備は、奄美大島（2019年）、宮古島（2020年）、石垣島（2023年）に続いて四つ目。勝連分屯地には、新たな地対艦ミサイル部隊とともに、南西諸島の四つの地対艦ミサイル部隊を束ねる「連隊」の司令部（第七地対艦ミサイル連隊本部）も新設されました。

図1-2は、南西諸島に配備された地対艦ミサイルが届く範囲（半径200キロ）を示したものです。沖縄本島に配備されたことで、四つの円が重なり合い、南西諸島のほぼ全域がこのミサイルでカバーされるようになりました。敵艦船の南西諸島への接近を阻む地対艦ミサイルのバリア（防壁）が完成したのです。

南西諸島に陸上自衛隊の地対艦ミサイル部隊を配備する構想が浮上したのは、2008～2010年頃のことです。構想は、九州・沖縄地方の陸上自衛隊の司令部である西部方

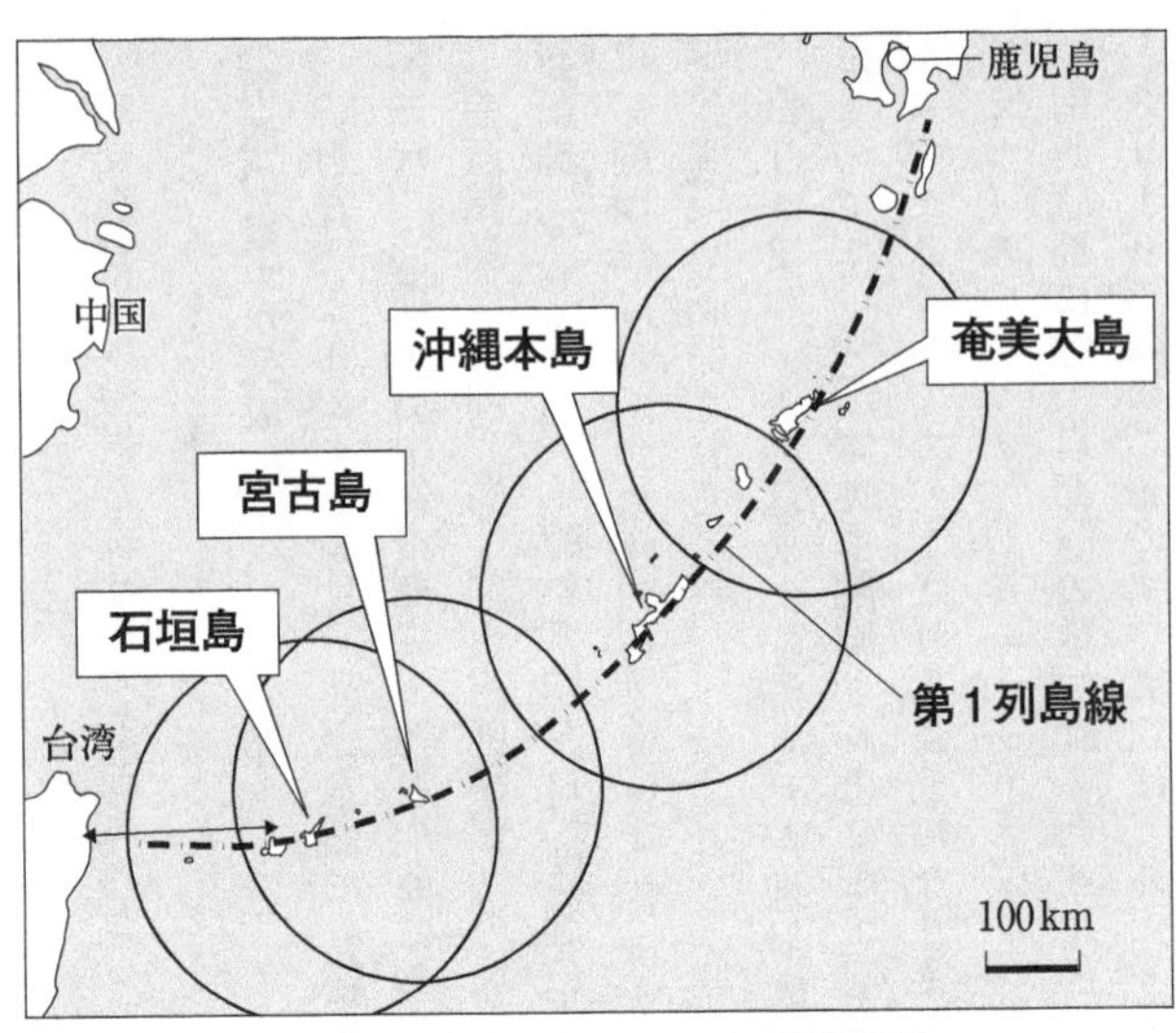

図1-2　陸上自衛隊地対艦ミサイルによる「南西の壁」

面総監部（熊本市）で生まれました。

背景には、中国の海洋進出と尖閣諸島周辺での活動の活発化がありました。

中国は2006年から、尖閣諸島周辺を含む東シナ海で海監総隊（日本の海上保安庁にあたる組織）によるパトロールを開始。2008年12月には、海監総隊所属の海洋調査船2隻が初めて尖閣諸島周辺の日本領海に侵入する事案が発生します。

こうした動きを受けて、陸上自衛隊西部方面総監部の中で尖閣諸島を含む南西諸島防衛の必要性が強く認識されるようになり、陸上自衛隊の空白地域であった南西諸島の主要な島々に地対艦ミサイル部隊を配備する構想が浮上したのです。

南西諸島の島々に地対艦ミサイル部隊を配備すれば、中国の侵攻部隊を乗せた艦艇の接近を阻むことができます。ミサイルの壁で中国の侵攻をブロックすることから、「南西の壁」と名付けられました。

この構想は、２０１０年12月に菅直人内閣が閣議決定した「防衛計画の大綱」（現・国家安全保障戦略）に反映されます。

大綱は、尖閣諸島周辺での活動の活発化を含む中国の海洋進出を「地域・国際社会の懸念事項」と指摘し、陸上自衛隊の配備も含めて南西諸島の防衛力を強化する方針を打ち出します。

それから13年余の時を経て、「南西の壁」は完成しました。

しかし、これから述べるように、その性格は大きく変質しました。当初は尖閣諸島をはじめ日本の国土である南西諸島を守るための防壁として考えられていましたが、米国の軍事戦略に飲み込まれる形で、まったく別の目的を持つものに変えられてしまったのです。

米軍が危機感を強めた中国の接近阻止能力

陸上自衛隊の中で「南西の壁」構想が生まれたのと同じ時期、米国でも中国に対する警戒感が強まっていました。

米国が最も警戒していたのは、中国の「接近阻止・領域拒否」（A2／AD：Anti-Access/Area Denial）と呼ばれる能力の強化です。

A2／AD能力とは、有事の際に米軍の戦域へのアクセス（接近）や行動の自由を阻害し、米国の軍事介入を拒否する能力を意味します。

中国がこの能力の強化に力を入れる契機となったのは、1996年に起きた「第三次台湾海峡危機」でした。

同年3月に予定されていた台湾初の総統直接選挙を前に、中国は「台湾独立」への動きを牽制するために台湾周辺で大規模な軍事演習を行いました。これに対し、米国は2隻の空母を台湾周辺海域に急派。中国が台湾に武力行使した場合は、台湾防衛のために軍事介入する能力を誇示したのでした。

中国はこうした米国の行動を「内政干渉」と強く批判しましたが、当時の中国には米軍の介入を阻止する能力はありませんでした。

これを契機に、中国政府はいざという時に米軍の接近を阻止できるようにA2／AD能力の強化に乗り出したのです。

2007年には、胡錦濤（こきんとう）国家主席が、海軍の能力を「近海防御型」から「遠海防衛型」

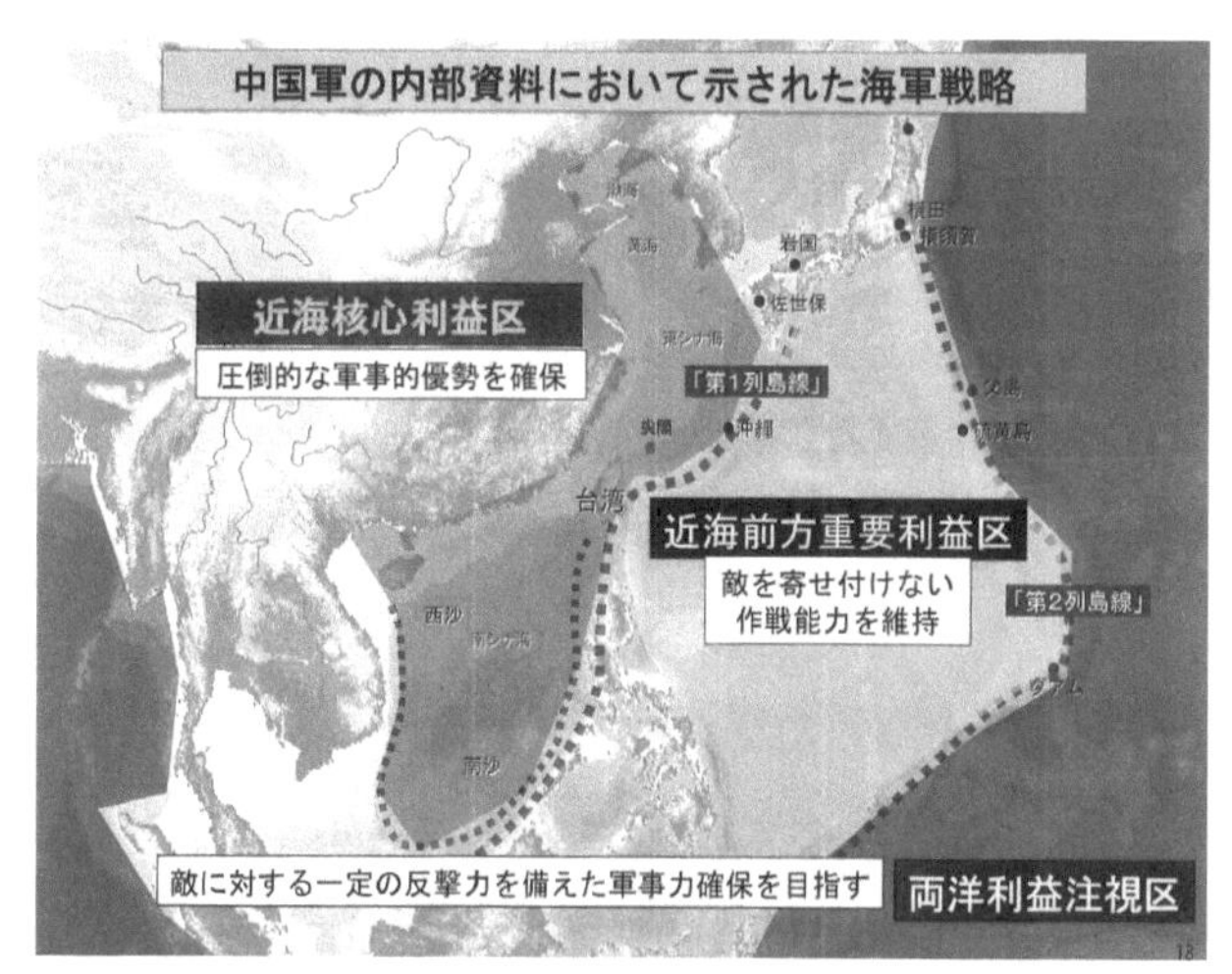

写真1-3　中国の海軍戦略を図示した海上自衛隊の教育資料
筆者が防衛省に開示請求して入手

に転換するよう指示します。

「近海防御」とは、中国が「第一列島線」と呼ぶ日本の南西諸島から台湾、フィリピン、ボルネオ島にいたるラインの内側、つまり東シナ海と南シナ海の制海権を確保し、外敵の侵略を防ぐ構想でした。胡錦濤国家主席は、中国海軍の作戦能力を第一列島線の外側の「遠海」（西太平洋）にまで拡大するよう命じたのです。

以後、中国海軍は空母や原子力潜水艦の建造を進めるなど、遠海作戦能力の強化に力を入れるようになりました。

中国海軍が西太平洋に進出するようになれば、米軍の西太平洋での行動は制約され、台湾有事における軍事介入も困難になります。

こうした状況に強い危機感を抱いた米軍は、中国のA2／AD能力に対抗する構想の検討に本格的に着手します。

米国でも「南西の壁」構想に注目

そんな中、陸上自衛隊の「南西の壁」構想に注目する人たちが現れます。

2012年4月、米海軍大学の2人の教授（トシ・ヨシハラ、ジェームズ・R・ホームズ）が、「アメリカ流非対称戦争」と題する論文を発表します。

論文は、地対艦ミサイルで中国海軍の南西諸島への接近を阻止する陸上自衛隊の「南西の壁」構想に注目し、これによって「東シナ海の多くの部分を中国水上艦部隊にとっての行動不能海域とすることができる」と指摘しています。

重要なのは、この論文が主に想定しているのは台湾有事だということです。

> これらの島々（南西諸島）は、黄海・東シナ海と太平洋の外洋を結ぶ重要な海上交通路にまたがっている。人民解放軍海軍は、台湾の脆弱な東海岸に脅威を与え、かつ戦域に集結する米軍に対処するためには、琉球諸島（南西諸島）を隔てる狭い海峡を通過しなければならない。（中略）この諸島の戦略的な位置は、中国に対して形勢を逆転す

るチャンスを米国と日本に与えている。島々に独自の接近阻止・領域拒否部隊を配備することで、米国と日本の防衛部隊は、中国の水上艦・潜水艦・航空機の太平洋公海への重要な出口を完全に閉ざすことになるだろう。

（米海軍協会『プロシーディング』誌、2012年4月号）

南西諸島全体に地対艦ミサイル部隊をはじめとする日米の部隊を配置すれば、中国軍にとっての太平洋への出口を封鎖し、同軍が台湾を東海岸側から攻撃したり米軍の台湾への接近を妨害したりする行為を阻止できるというのです。

また、中国軍がこの封鎖を破ろうとした場合、南西諸島の広大なエリアに分散展開した日米の地対艦ミサイルの移動式発射機を見つけ出し攻撃・無力化しなければならないので、中国軍に大きな負荷とリスクを課すことができるとも指摘しています。

このように、「南西の壁」は台湾有事でも使えると主張したのです。

米陸軍の委託を受けて中国のA2／AD能力への対抗戦略を検討したシンクタンク「ランド研究所」も2013年、「西太平洋における地対艦ミサイルの採用」と題する報告書を公表し、同じような構想を提言します。

写真1-4　ハリー・ハリス米インド太平洋軍司令官
出典：米国防総省画像配信サイトDVIDS

米インド太平洋軍司令官のイニシアティブ

こうした米国の安全保障専門家らの提言は、やがて米軍の戦略に正式に採り入れられていきます。

それを主導したのは、2015年から2018年まで米インド太平洋軍司令官（インド太平洋地域の米軍トップ）を務めたハリー・ハリスです。

ハリスは1956年、米軍基地のある横須賀で海軍の下士官だった父親と日本人の母親の間に生まれました。海軍兵学校（士官学校）を卒業し、海軍では日系米国人で初めて大将になった人物です。

ハリス司令官は2016年5月、ハワイで開催された米陸軍協会主催のシンポジウムで基調講演を行い、次のように発言しました。

「1900年代初頭、ここハワイのカメハメハ要塞の砲台は海上の脅威から守るために建設され、陸軍の沿岸砲兵隊はこの任務を引き受けました。（中略）陸軍はこの事業に戻ることを検討すべきだと思います」

（米インド太平洋軍ウェブサイト）

陸軍が陸上での戦闘だけでなく、地対艦ミサイルを使って洋上の敵艦船を攻撃する任務も担うことを検討すべきだと主張したのです。

翌2017年5月、ハリス司令官は来日し、笹川平和財団主催の企画で講演を行いました。そこで「米太平洋軍の陸軍と海兵隊に、陸上から（敵の）船を沈める能力を開発するよう指示している。我々はそのために陸上自衛隊からもっと学ぶつもりだ」と発言し、米軍も地対艦ミサイルの活用に乗り出す考えを表明します。

翌2018年には、ハワイで実施された米海軍主催の多国間軍事演習「リムパック」で、米陸軍と陸上自衛隊のミサイル部隊による共同対艦戦闘訓練が史上初めて行われます。

2019年には、米国防総省と一体で戦略研究を行うシンクタンク「戦略予算評価センター（CSBA）」が、日本の南西諸島からフィリピンにかけて連なる第一列島線に地対艦ミサイルによる精密打撃ネットワークを構築し、中国海軍を東シナ海と南シナ海に封じ込めて太平洋への進出を阻止する構想を柱とする「海洋圧力戦略」を発表します。

同戦略について記したCSBAの報告書は、「米国にとって最も緊密で有能な同盟国の一つである日本は、海洋圧力戦略の『北の拠点』の役割を果たすことができる」と強調し

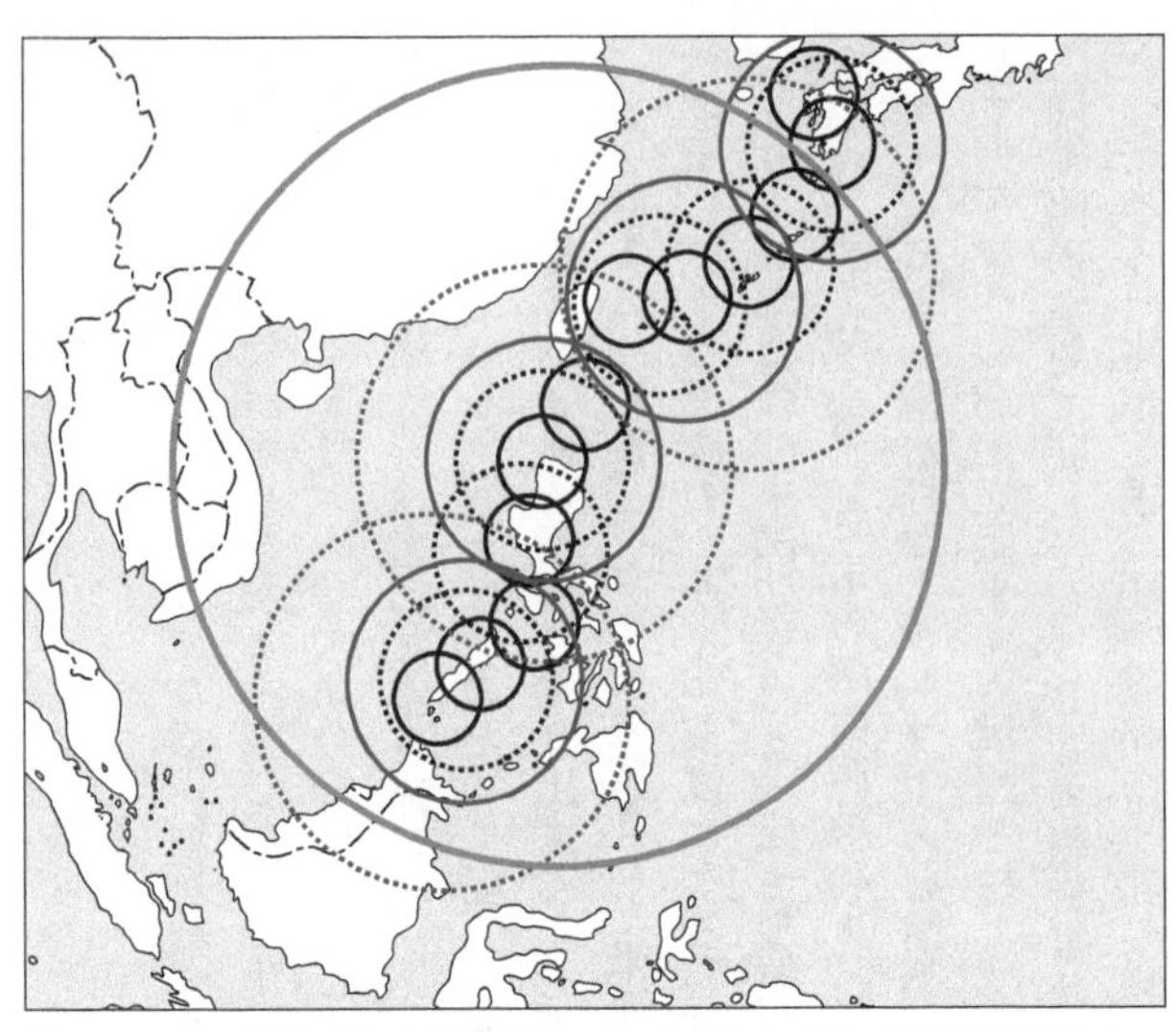

図1-3　第一列島線上に地対艦ミサイルを中心とする精密打撃ネットワークを構築する米国の海洋圧力戦略
CSBA「TIGHTENING THE CHAIN: IMPLEMENTING A STRATEGY OF MARITIME PRESSURE IN THE WESTERN PACIFIC」を基に作成

ています。

　そして２０２０年、米インド太平洋軍は海洋圧力戦略を具体化する軍備強化計画を発表します。

　同年3月に米インド太平洋軍司令部が米議会に提出した「優位性の奪還」というタイトルの報告書は、中国のＡ２／ＡＤ能力に対抗して米軍のアクセスと作戦行動を確実なものにするため、第一列島線に沿って地対艦ミサイルと地対空ミサイルによる「残存性の高い精密打撃ネットワーク」を同盟国と共に構築する必要性を強調しました。

こうして、陸上自衛隊の「南西の壁」は、米インド太平洋軍の対中軍事戦略に正式に組み込まれたのです。

その結果、当初は尖閣諸島をはじめとする南西諸島の防衛が目的であった「南西の壁」が、米国の軍事戦略の巨大な渦に飲み込まれ、台湾有事で米軍が優位に戦うための「盾」に変質してしまいました。

海兵隊の遠征前進基地作戦（EABO）

CSBAが海洋圧力戦略を発表したのとほぼ時を同じくして、海兵隊は「遠征前進基地作戦（EABO）」と名付けられた作戦構想を正式に採用します（2019年2月に海軍作戦部長と海兵隊総司令官が署名）。

EABOは、敵国（主に中国を想定）が米軍の接近を阻むA2／AD能力を保持していることを前提に、その脅威圏内の島々などに機動力のある小規模な部隊を分散展開させ、米軍の主力部隊が接近できる環境を作り出す作戦です。

具体的には、敵の攻撃能力の脅威が及ぶエリアにある島々などに一時的な作戦拠点（遠征前進基地）を確保し、移動式レーダーや無人機などを用いて敵の情報収集を行うとともに、地対艦ミサイルなどによって一時的な海上優勢を獲得して空母機動部隊をはじめとする海軍主力部隊が戦域に接近できる条件を作り出します。

敵の攻撃を受ける危険性が高いため、一つの拠点に長時間留まるのではなく、移動を繰り返しながら作戦を実行します。ＥＡＢＯの担い手を、機動力のある小規模な部隊としているのは、そのためです。

海兵隊は２０１９年以降、ＥＡＢＯに基づくウォー・ゲーム（戦争のシミュレーション）を集中的に実施しました。２０２０年3月に公表された「フォース・デザイン２０３０」（10年後の海兵隊の戦力設計を示した文書）は、その所見を次のように記しています。

> 敵対者の長距離精密火力兵器の脅威圏内で継続して作戦を実行できる戦力は、生存のために脅威圏外に迅速に機動しなければならない戦力より作戦上有効性が高い。これらの「スタンド・イン部隊」は、敵戦力を消耗させ、統合軍によるアクセスを可能にするとともに、敵対者の標的化を困難なものとし、そのＩＳＲ（情報収集・警戒監視・偵察）資源を消耗させ、（現状変更の）既成事実化を防止する。

ここで述べられているように、空母機動部隊をはじめとする海軍の主力部隊は、中国軍のミサイルなどによる攻撃の危険を回避するため、いったん脅威圏外に引き下がることが想定されています。たとえば、横須賀に配備されている原子力空母をはじめとする米第七艦隊の主力艦船は、自らを守るため、いったん日本から脱出するのです。

一方、海兵隊は日本に留まり、小規模な部隊に分かれて南西諸島の島々に散り散りとなり、移動を繰り返して中国軍の攻撃をかわしながらＥＡＢＯを遂行します。このように、敵の脅威圏内で活動する部隊のことを、海兵隊は「スタンド・イン部隊」と呼んでいます。海兵隊が行ったシミュレーションでは、この部隊の有効性が証明されたというのです。

しかし、こうも記しています。

（戦力の）消耗は避けられない。米国は、航空機、艦艇、陸上戦術車両および人員を失う。

敵の脅威圏内で活動するスタンド・イン部隊は、犠牲が不可避の部隊なのです。

ＥＡＢＯに同盟国の部隊も活用

２０２１年12月上旬、米海兵隊は「スタンド・イン部隊のコンセプト」と題する文書を発表しました。

ここで重視されているのは、同盟国の協力です。同文書は、次のようにはっきりと記しています。

武力紛争発生時、スタンド・イン部隊は同盟国などと共に紛争地域の前方に留まり、海軍作戦及び統合作戦を支援する。

状況に応じて、スタンド・イン部隊には海兵隊、海軍、沿岸警備隊、特殊部隊、各省庁や同盟国、友好国等の部隊も含まれる。

さらに、こんな記述もあります。

スタンド・イン部隊の持続的なプレゼンスを活かして同盟国等の海洋安全保障上の課題や潜在的敵国の抑止についての理解を深め、ホスト国の部隊能力を利用して連携作戦を行う。

米海兵隊のスタンド・イン部隊を同盟国に配備・展開することで潜在的敵国の抑止に関

写真1-5　2023年11月15日、沖縄県のキャンプ・ハンセンで行われた第12海兵沿岸連隊の発足式　出典：米国防総省画像配信サイトDVIDS

する理解を深め、ＥＡＢＯにその国の部隊を利用しようというのです。

米海兵隊は、まさにこの方針を日本で実行しています。

２０２３年11月、沖縄でＥＡＢＯの中核を担う新たな部隊が発足しました。米軍再編計画でグアムに移転する予定だった第十二海兵連隊を沖縄に残留させ、第十二海兵沿岸連隊という新しい部隊に改編したのです。

海兵沿岸連隊（ＭＬＲ）は、前出の「フォース・デザイン２０３０」で創設が打ち出されたスタンド・イン部隊です。機動性を重視し、部隊の規模は約２０００人と、従来の海兵連隊よりも少しスリムになっています。

部隊の中核を担うのが沿岸戦闘チーム（ＬＣＴ）で、一つの歩兵大隊（3個中隊）と一つの地対艦ミサイル中隊で構成されます。

地対艦ミサイル中隊には、海兵隊が開発した小型で機動性の高い無人の地対艦ミサイルシステム「ＮＭＥＳＩＳ（ネメシス）」が配備されます。

海兵沿岸連隊を日本に配備して陸上自衛隊と共同訓練を重ねることでＥＡＢＯについての理解を深め、台湾有事が起きた時には陸上自衛隊の能力を最大限に利用しようと考えているのです。

南西諸島が「戦場」に

海兵隊が「スタンド・イン部隊のコンセプト」を発表した直後、まさに海兵隊の思惑どおりに事が進んでいることを示す報道がありました。

共同通信が２０２１年12月23日に配信した次の記事です。

> 自衛隊と米軍が、台湾有事を想定した日米共同作戦計画の原案を策定したことが分かった。有事の初動段階で、米海兵隊が鹿児島県から沖縄県の南西諸島に一時的な攻撃用軍事拠点を置くとしており、住民が戦闘に巻き込まれる可能性が高い。２０２２年１月の外務・防衛担当閣僚による日米安全保障協議委員会（２プラス２）で正式な計

画策定に向けた作業開始に合意する見通し。23日までに複数の日本政府関係者が証言した。

自衛隊と米軍の間で密かに、台湾有事を想定した日米共同作戦計画の「原案」が策定されたというのです。

記事によると「原案」は、米海兵隊が南西諸島の島々に臨時の軍事拠点を設け、米海軍の空母機動部隊が台湾周辺海域に展開できるよう、地対艦ミサイルで中国艦艇の排除に当たるというもの。自衛隊も、日本政府の事態認定に応じて、米軍の作戦を支援する計画だといいます。

まさにＥＡＢＯそのものです。南西諸島に配備された自衛隊は、米軍の台湾防衛作戦を支援するために動くことになります。

陸上自衛隊は近年、ＥＡＢＯを行う米海兵隊との連携を想定した共同訓練を繰り返しています。石垣島でも実施された前出の「レゾリュート・ドラゴン」も、「陸自の領域横断作戦と米海兵隊のＥＡＢＯを踏まえた連携要領の具体化を図るために実施する」（陸上幕僚監部）と公言しています。

台湾有事が起きた時、米軍と自衛隊が一体となって南西諸島を拠点にＥＡＢＯを実行す

写真1-6　陸上自衛隊のオスプレイに「負傷兵」を乗せた担架を運ぶ陸自隊員と米海兵隊員＝新石垣空港
筆者撮影

れば、中国軍は南西諸島に攻撃を加えてくるでしょう。日本は、台湾をめぐる米中の戦争に巻き込まれることになります。

中国共産党機関紙「人民日報」系の「環球時報」は2021年12月21日、南西諸島への地対艦ミサイル部隊の配備を進める日本政府を社説で批判しました。

社説は、「日本が南西諸島の軍事化を大規模に進めているのは、実際には米国に次ぐ『インド太平洋警察の副署長』を自称するかのように、米国がアジア太平洋地域で推進する『中国封じ込め戦略』の手伝いをするためである」と指摘した上で、「日本の政治家が夢想する戦略的抑止力は、火遊びをしたいという傲慢さを示す以外の効果はない。彼らが台湾海峡にミサイルを発射することをあえてするならば、我々は彼らのミサイル基地をロケット砲の餌食に変えるだろう」と警告しました。

米軍と自衛隊は、南西諸島が中国軍の攻撃を受けることを前提に、台湾有事を想定した準備を進めています。

「レゾリュート・ドラゴン」の一環として石垣島で行われた共同訓練では、石垣駐屯地内に日米共同の救護所が設置され、負傷した兵士に応急措置を施す訓練も行われました。その後、〝負傷兵〟は民間空港である新石垣空港に運ばれ、陸上自衛隊の輸送機オスプレイで九州まで搬送されました。

こうした訓練からも、南西諸島が攻撃を受ける事態が想定されていることがうかがえます。

2021年から始まった「台湾有事シフト」

米国は1979年に中国と国交を正常化した際、台湾とは断交しました。台湾と結んでいた米華相互防衛条約も破棄しましたが、「台湾関係法」という国内法を制定し、台湾防衛にコミットし続ける意思を示しました。

台湾関係法は「（中国との国交正常化は）台湾の将来が平和的手段によって決定されるとの期待にもとづくものであることを明確に表明する」と強調し、中国が台湾に侵攻や封鎖を行った場合、「大統領と議会は憲法上の手続きに従い、かかる危険に対処するために米国がとるべき適切な行動を決定する」と定めています。

米華相互防衛条約のように台湾の防衛を明示的に義務付けるものではありませんが、台湾の安全が脅かされた場合、何らかの行動をとる意思を示しています。

一方、日本が台湾の防衛に直接コミットする意思を示したことは、これまでありませんでした。

日本の安全保障政策が、本格的に台湾有事に備えるものになったのは2021年からです。

最初に火を点けたのは、米インド太平洋軍の司令官でした。

陸上自衛隊の「南西の壁」構想を米軍の戦略に取り入れた前出のハリー・ハリス司令官の後任のフィリップ・デービッドソン司令官が、2021年3月9日に行われた米上院軍事委員会の公聴会で、こう発言したのです。

「中国が国際秩序における米国の指導的役割に取って代わる野心を加速させており、2050年までにそれを実現するという目標に近づいている事態を憂慮している。台湾は明らかにその前段階における彼らの野心の一つであり、その脅威はこの10年、実際には6年以内で明らかになると思う」

中国が2027年（習近平国家主席の3期目の任期が終わる前）までに台湾に侵攻する可能性があると警鐘を鳴らしたのです。

さらに同司令官は、米軍の主力部隊が米本土（西海岸）から第一列島線に到達するまでに3週間程度かかるとして、中国による現状変更の既成事実化を阻止するためには、同盟国・日本の軍事支援が不可欠だと強調しました。

この約1ヵ月後、ホワイトハウスでバイデン大統領と菅義偉首相の日米首脳会談が開かれ、共同声明に「台湾海峡の平和と安定の重要性を強調する」という一文が盛り込まれました。日米首脳会談の共同声明の中で台湾に言及するのは、日米共に中国と国交を樹立する前の1969年以来、52年ぶりのことでした。

同年6月には自民党外交部会の台湾政策検討プロジェクトチームが「第一次提言」を発表。「（台湾は）わが国の南西諸島と境界を接し、台湾周辺海域は日本にとって死活的に重要なシーレーンを構成するなど、地政学的にも密接な関係にあり、台湾周辺海域の平和は、わが国の安全保障に直結する」として、南西諸島の防衛力強化をはじめ、中国の台湾侵攻を思いとどまらせる抑止力の強化を急ぐよう政府に求めました。

さらに12月には、安倍晋三元首相が台湾で開かれたシンポジウムにオンラインで参加し、

「台湾への武力侵攻は日本に対する重大な危険を引き起こす。台湾有事は日本有事であり、日米同盟の有事でもある。この点の認識を（中国の）習近平主席は断じて見誤るべきではない」と発言しました。

共同通信がスクープした台湾有事を想定した日米共同作戦計画の原案の策定も、この年のことでした。

原案をスクープした共同通信の石井暁専任編集委員によると、米インド太平洋軍は2021年の夏前から「台湾海峡を挟んで戦争が差し迫っていることを理解しているのか」などと強硬な発言を繰り返し、日米共同作戦計画の策定に着手するよう自衛隊に強く求めたといいます（『世界』2022年3月号）。

ある防衛省幹部は、「自衛隊は米軍に対し、今は無理だが将来的には可能だという態度をとってきたが、中国の台湾侵攻への備えを急ぐ米軍に押し切られた」と語っていたそうです（同前）。

このように、2021年以降、それまでフォーカスされていた尖閣諸島に対する中国の脅威や北朝鮮の核・ミサイルの脅威は後方に追いやられ、日本の安全保障政策の最優先課題は台湾有事への備えに完全にシフトします。

台湾有事のシミュレーションと日本の関与

アメリカの有力シンクタンク「戦略国際問題研究所（ＣＳＩＳ）」は２０２２年、中国が２０２６年に台湾への侵攻作戦を実行すると想定し、安全保障や軍事の専門家を集めて本格的なウォー・ゲーム（戦争のシミュレーション）を実施しました。[※2]

結果は、米国が直接介入せず台湾が単独で防衛を行う場合と、日本が中立を保ち在日米軍基地を台湾防衛作戦のために使用するのを拒否した場合をのぞき、中国の台湾侵攻作戦は失敗に終わりました。

このウォー・ゲームのシナリオでは、中国の侵攻は台湾への大規模な空爆で始まります。空爆により、台湾の空軍と海軍は数時間で壊滅的な被害を受けます。中国海軍は台湾を包囲し、中国本土の強力なロケット軍（ミサイル部隊）の支援を受け、米軍の艦艇や航空機の台湾への接近を阻止します。その上で数万人の中国兵が上陸用舟艇などにより台湾海峡を横断し、台湾への着上陸を試みます。

しかし、待ち構えた台湾陸軍が上陸地点に激しい攻撃を加えるとともに、米軍も自衛隊の支援を受けながら長射程ミサイルなどで中国軍の上陸部隊を攻撃した結果、中国軍は上

※2　このウォー・ゲームの結果については、ＣＳＩＳが詳細な報告書を公表している。
https://csis-website-prod.s3.amazonaws.com/s3fs-public/publication/230109_Cancian_FirstBattle_NextWar.pdf

陸および前進を阻まれます。中国軍が在日米軍基地や洋上の米軍艦船などを攻撃してもこの結果は変わらず、大半のケースで中国軍の侵攻は失敗に終わったといいます。

ただし、米国と日本は艦船数十隻、航空機数百機、兵士数千人を失うなど甚大な被害が生じたことから、「台湾防衛には高いコストがかかる」とも指摘しています。

このウォー・ゲームの基本シナリオでは、日本が参戦するのは在日米軍基地や自衛隊の基地が攻撃を受けてからとされています。しかし、日本が直接攻撃を受ける前に参戦する場合もあり得ると述べています。

現行法において、日本が「参戦」、つまり武力の行使ができるのは、内閣総理大臣が自衛隊に「防衛出動」を命令した場合だけです。

「防衛出動」の発令は、かつては日本が直接武力攻撃を受ける「武力攻撃事態」に限られていましたが、2015年に成立した「平和安全法制」により、「我が国と密接な関係にある他国に対する武力攻撃が発生し、これにより我が国の存立が脅かされ、国民の生命、自由及び幸福追求の権利が根底から覆される明白な危険がある事態」（存立危機事態）でもできるようになりました。

日本政府が台湾有事を存立危機事態と認定し、総理大臣が自衛隊に防衛出動を命令すれば、日本が直接攻撃を受けていない段階から「参戦」が可能となります。

実際、２０２１年7月、当時副総理兼財務大臣だった麻生太郎は「台湾で大きな問題が起きると、間違いなく『存立危機事態』に関係してくると言っても全くおかしくない。そうなると、日米で一緒に台湾を防衛しなければならない」と発言しています。

敵基地攻撃が可能なミサイルの配備と住民の不安

「南西の壁」が完成した南西諸島で大きな問題になっているのが、12式地対艦誘導弾の射程延伸計画です。

「はじめに」でも述べたように、防衛省は九州・南西諸島に配備する12式地対艦誘導弾の射程を現在の約２００キロから１０００キロ程度にまで延ばした「能力向上型」の配備を２０２５年度から開始する計画です。

この長射程ミサイルの開発が２０２０年に決定された際、日本政府は「島嶼（とうしょ）部を含む我が国への侵攻を試みる艦艇等に対して、脅威圏の外からの対処を行うためのスタンド・オフ防衛能力の強化」が目的だと説明しました（２０２０年12月18日閣議決定文書）。

ところが、２０２２年12月の安保三文書の閣議決定で敵基地攻撃能力の保有を解禁し、このミサイルを敵基地攻撃にも使うと方針転換したのです。

南西諸島に射程１０００キロのミサイルが配備されれば、台湾有事の際、中国軍の作戦

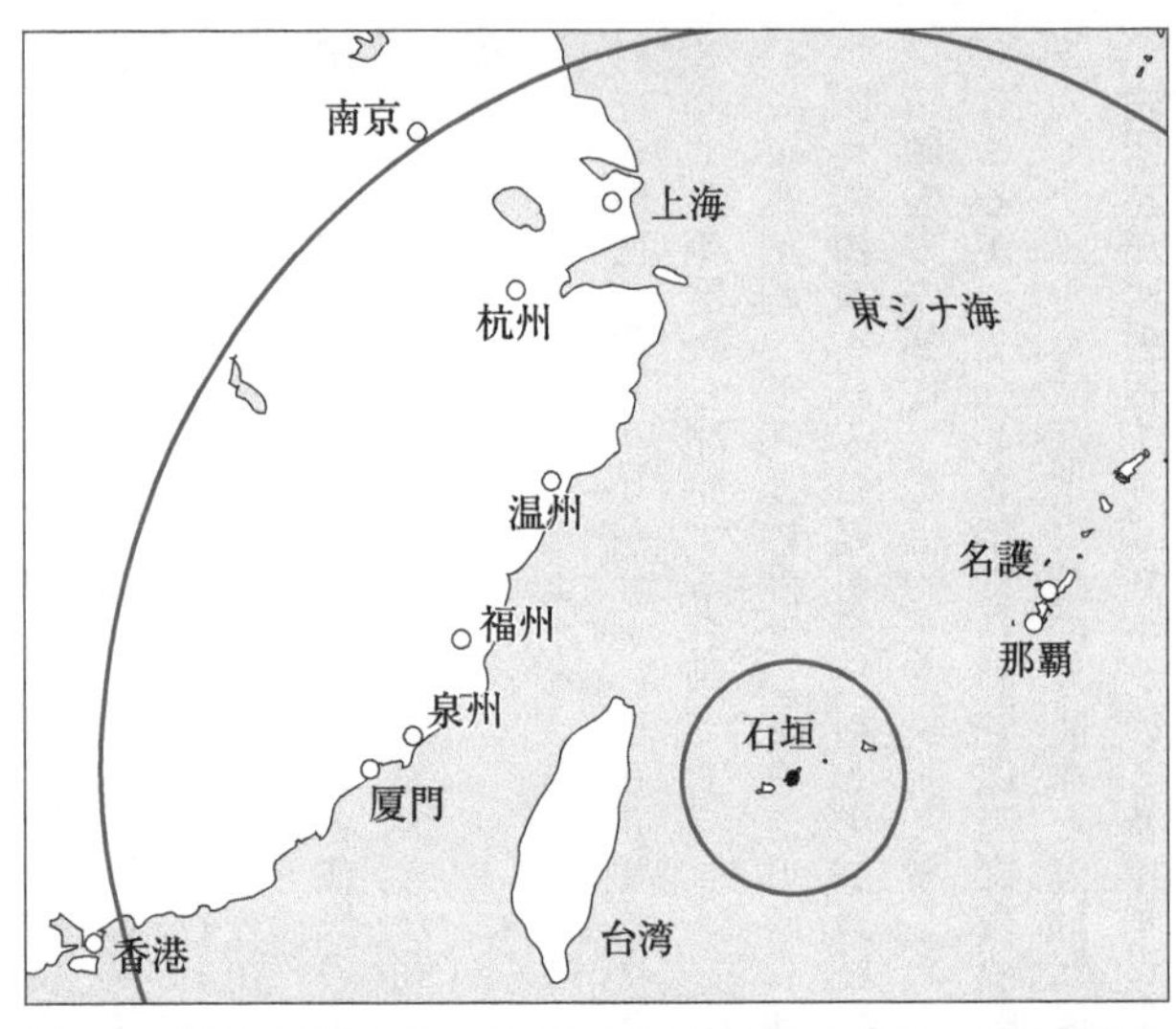

図1-4　12式地対艦ミサイルの現在の射程200キロでは石垣島から台湾にも届かないが、1000キロの能力向上型になると上海も含め中国の沿岸部に届くことになる　筆者作成

拠点になると推定される台湾海峡や東シナ海に面した沿岸部の基地などを攻撃することも可能になります。

この突然の方針転換に、南西諸島では住民から不安の声が上がっています。

石垣市では、安保三文書が閣議決定された3日後、市議会で「他国の領土を直接攻撃することが可能な長射程ミサイルの石垣島への配備計画等について、十分な説明のないまま進めることがないよう強く求める」とする意見書が賛成多数で可決されました。

意見書はその理由について、次のように記しています。

国境の島ともいわれる、石垣島の現場で日々生活するなかで自衛隊の配備にはこれまで賛否の意見があったが、防衛省主催の住民説明会では、配備される誘導弾（ミサイル）は、他国領土を攻撃するものではなく迎撃用であくまでも専守防衛のための配備という説明であり、それを前提に議論が行われてきた。

ここにきて突然、市民への説明がないまま、他国の領土を直接攻撃するミサイル配備の動きに、市民の間で動揺が広がっており、今まで以上の緊張感を作りだし危機を呼び込むのではないかと心配の声は尽きない。

この意見書が指摘しているとおり、専ら「迎撃」のために使用するミサイルと、場合によっては中国本土にまで攻撃を加えるミサイルとでは、配備の持つ意味がまったく変わってきます。

これまで専守防衛の自衛隊を支持する立場から南西諸島への陸上自衛隊配備に反対してこなかった沖縄県の玉城デニー知事も、「もし敵基地攻撃能力を含むような装備を南西地域に持つとしたら、私は『それは憲法の意思とは違う』と、明確に反対する」と表明しました（２０２３年２月８日に東京都内で開かれたシンポジウムで）。

沖縄県は２０２３年６月、敵基地攻撃にも使用可能な長射程ミサイルを県内に配備しないよう防衛省に要請しました。

「抑止力の強化がかえって地域の緊張を高め、不測の事態が生ずることを懸念する」「沖縄が攻撃目標になることは、けっしてあってはならない」（要請書）などとする沖縄県の懸念に対して、防衛省側は「南西地域への部隊配備は抑止力になり、攻撃される可能性を減らすものと考えている」と従来どおりの説明を繰り返しました。

沖縄では、この防衛省の説明が理解を得ているとは言えない状況です。

２０２３年８月には、米軍・自衛隊施設が所在する沖縄県内27市町村と県でつくる軍用地転用促進・基地問題協議会（軍転協）も、敵基地攻撃にも使用可能な長射程ミサイルを県内に配備しないよう求める方針を総会で決定しました。

このように、２０２２年に閣議決定された安保三文書は南西諸島をはじめとする日本の防衛体制に「戦後最大」とも言える大きな変化をもたらすものでした。しかし、安保三文書を「呼び水」として、さらに大きな変化がこれから待っていると、私は予測しています。次の章から、具体的に見ていきましょう。

【コラム】自衛隊の概要

自衛隊は「我が国の平和と独立を守り、国の安全を保つため、我が国を防衛すること」（自衛隊法第3条1項）を主任務とする実力組織です。

陸上、海上、航空の3自衛隊があり、計約23万人の隊員がいます。

陸上自衛隊は主に陸上総隊（司令部＝東京・朝霞）と五つの「方面隊」（総監部＝札幌、仙台、東京・朝霞、兵庫・伊丹、熊本）、海上自衛隊は自衛艦隊（司令部＝神奈川・横須賀）と五つの「地方隊」（総監部＝青森・大湊、神奈川・横須賀、京都・舞鶴、広島・呉、長崎・佐世保）、航空自衛隊は航空総隊（司令部＝東京・横田）と四つの「航空方面隊」（司令部＝青森・三沢、埼玉・入間、福岡・春日、沖縄・那覇）で構成されています。

陸上自衛隊は全国約１６０ヵ所に駐屯地・分屯地を、海上自衛隊は約40ヵ所、航空自衛隊は約70ヵ所に基地・分屯駐地を置いています。

防衛大臣の命令はすべて自衛隊制服組トップの統合幕僚長を通じて出され、統合幕僚長は陸・海・空自衛隊を一元的に運用します。陸上幕僚長、海上幕僚長、航空幕僚長には部隊を指揮する権限はなく、各自衛隊の防衛力整備や教育訓練などに責任を持ちます。

統合幕僚長には軍事専門家として防衛大臣を補佐する任務もあるため、陸・海・空自衛隊を一元的に運用する任務を統合幕僚長から切り離し、別途「自衛隊統合作戦司令官」を２０２

陸上自衛隊	●陸上総隊 ・空挺団、水陸機動団などを基幹として編成 ・陸自部隊の一体的運用を可能とする ●方面隊 ・複数の師団及び旅団やその他の直轄部隊（施設団、高射特科群など）をもって編成 ・５個の方面隊があり、それぞれ主として担当する方面区の防衛にあたる ●師団及び旅団 ・戦闘部隊、戦闘支援部隊及び後方支援部隊などで編成
海上自衛隊	●自衛艦隊 ・護衛艦隊、航空集団(固定翼哨戒機部隊などからなる)、潜水艦隊などを基幹として編成 ・主として機動運用によってわが国周辺海域の防衛にあたる ●地方隊 ・５個の地方隊があり、主として担当区域の警備及び自衛艦隊の支援にあたる
航空自衛隊	●航空総隊 ・４個の航空方面隊を基幹として編成 ・主として全般的な防空任務にあたる ●航空方面隊 ・航空団（戦闘機部隊などからなる)、航空警戒管制団(警戒管制レーダー部隊などからなる)、高射群（地対空誘導弾部隊などからなる）などをもって編成

図1-5　自衛隊の主な組織の概要　『防衛白書』を参考資料として作成

5年3月までに置くことが決まっています。

近年は、陸・海・空という従来の領域に加えて、宇宙・サイバー・電磁波という新たな領域での作戦能力の強化を重視しています。2022年には防衛大臣直轄部隊として宇宙作戦群とサイバー防衛隊が創設されました。

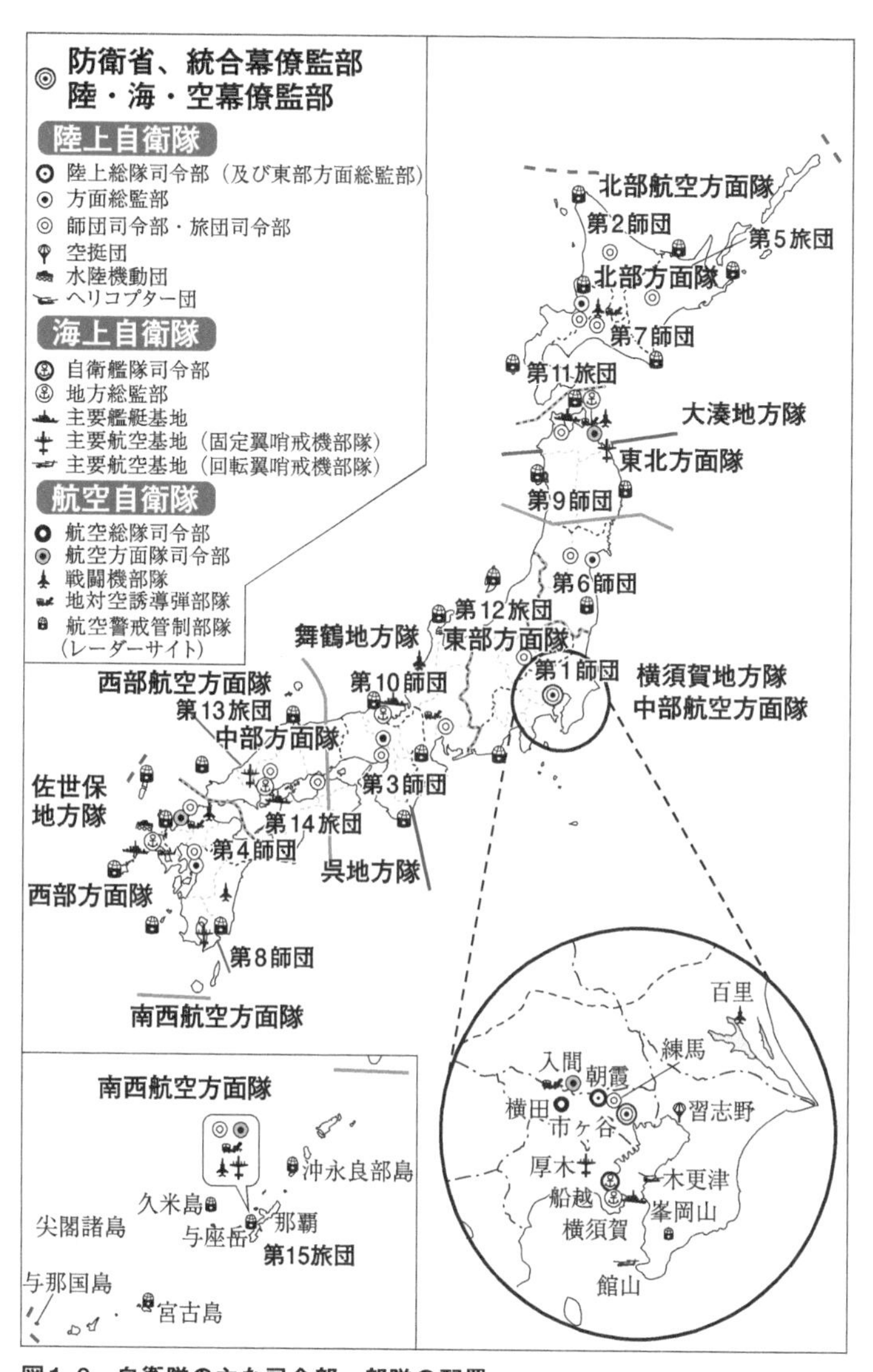

図1-6　自衛隊の主な司令部・部隊の配置　『防衛白書』を参考資料として作成

第2章　中距離ミサイルがもたらす危機

30年ぶりのミサイル発射

中国の台湾侵攻を抑止し、侵攻が起きた場合には台湾を防衛するため、米国がもう一つ計画していることがあります。

射程が500キロを超える地上発射型中距離ミサイルのアジア太平洋地域への前方配備です。

2019年8月18日、米カリフォルニア州ロサンゼルスの沖合約100キロにあるサン・ニコラス島という米海軍が管理する無人島から、1発のトマホーク・ミサイルが発射されました。

米国がこの種類のミサイルの発射実験を行ったのは、約30年ぶりのことです。

この約2週間前、米国はそれまでロシアと結んでいた中距離核戦力（INF）全廃条約[※1]を破棄しました。破棄と同時にエスパー国防長官は声明を発表し、「国防総省は地上発射型の通常兵器のミサイル開発を全面的に推進する」と宣言しました。

そして、その国家意思を内外に示すため、海軍が運用する中距離巡航ミサイル、トマホークを陸上から発射してみせたのでした。

ミサイル発射実験が成功すると、同長官は、新たに開発する地上発射型中距離ミサイルをアジア太平洋地域に配備したい意向を表明しました。

写真2-1　米軍が2019年8月18日に実施した中距離巡航ミサイルの発射実験　出典：米国防総省

中国の中距離ミサイルへの対抗

米国政府は、ＩＮＦ全廃条約を破棄した理由を、ロシアが長年にわたり条約違反を続けてきたためだと説明しました。

しかし、破棄の最大の理由は、実は「中国」でした。新たに開発する地上発射型中距離ミサイルの配備先をアジア太平洋地域としたのが、その証拠です。

台湾有事が起きた時、台湾防衛のために介入する米軍にとって最も脅威になると考えられていたのが中国

※1　中距離核戦力（ＩＮＦ）全廃条約とは、冷戦末期の１９８７年に米国とソ連が締結した二国間の軍縮条約で、射程５００キロから５５００キロまでの地上発射型中距離ミサイルの保有を禁止した。ソ連崩壊後もロシアに引き継がれたが、２０１９年に米国が離脱して失効した。

の地上発射型中距離ミサイルでした。

ＩＮＦ全廃条約は米国とロシアの二国間条約だったため、中国はこの条約に縛られませんでした。前章で述べたとおり、中国は１９９６年の第三次台湾海峡危機以降、台湾有事に介入する米軍の接近を阻むＡ２／ＡＤ能力の強化に乗り出しました。

海軍や空軍の強化とともに中国軍が力を入れたのが、ミサイルの開発でした。多くの種類の地上発射型中距離ミサイルを開発し、米国がＩＮＦ全廃条約を破棄した２０１９年の時点で１０００発以上を保有・配備していました。

中国が保有する代表的な地上発射型中距離ミサイルは、次の五つです。

①東風（DF）21C

射程１５００キロ以上と推定される中距離弾道ミサイル。日本全域を射程に収める。対艦攻撃が可能なタイプ（ＤＦ21Ｄ）もあり、西太平洋を航行する米軍空母への攻撃が可能なことから「空母キラー」とも呼ばれる。

②東風（DF）26

射程約４０００キロと推定される中距離弾道ミサイル。西太平洋における米軍の作戦拠点であるグアムを攻撃することも可能なことから、「グアムキラー」とも呼ばれる。

③**東風（DF）17**

射程約2000キロと推定される中距離弾道ミサイル。変則的な軌道を高速で飛翔することから既存のミサイル防衛システムでは迎撃が困難とされる「極超音速滑空体（HGV：Hypersonic Glide Vehicle）」の搭載が可能とみられる。

④**長剣（CJ）10**

射程1500キロ以上と推定される中距離巡航ミサイル。

⑤**長剣（CJ）100**

射程2000キロ以上と推定される中距離巡航ミサイル。マッハ4以上の超音速で飛翔するとみられる。

こうした中距離ミサイルで在日米軍基地の滑走路が破壊されたり、米空母の接近が阻止されたりした場合、米軍は航空機の運用がかなり制限されることになります。その結果、

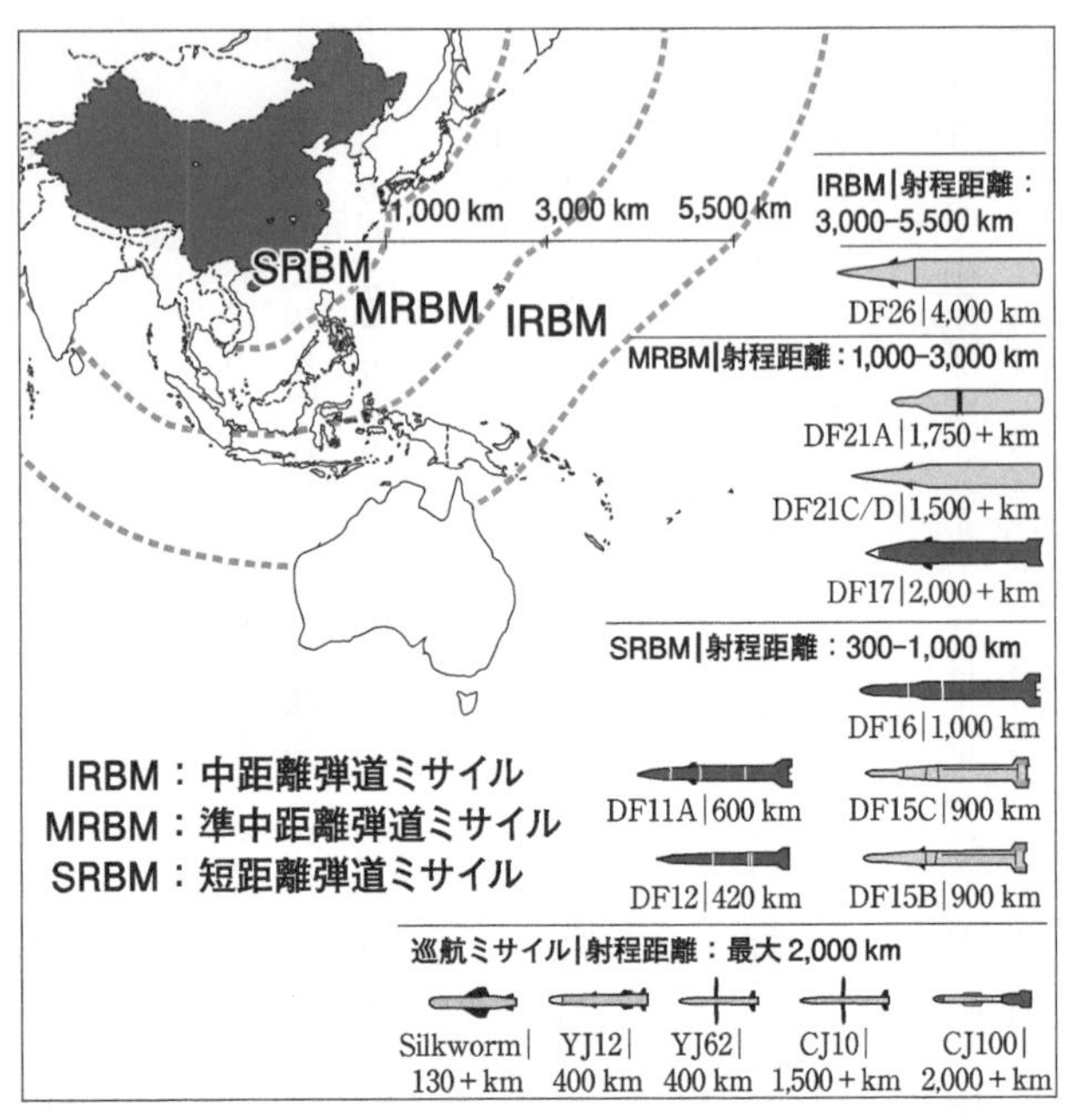

図2-1　中国の主な短～中距離ミサイルと射程　CSISのデータを基に作成

写真2-2
2019年10月の中華人民共和国建国70周年の軍事パレードで登場した極超音速滑空体を搭載するDF17
出典：ロイター／アフロ

台湾海峡周辺の航空優勢は中国側に握られる可能性が高いと予測されます。

中国にとっては、台湾海峡周辺の航空優勢を握ることができれば、台湾への着上陸作戦もやりやすくなります。

米国がこの不利な状況を変えるためには、中国本土にある中国軍の航空基地やミサイル基地を攻撃する能力が必要になります。

米国がＩＮＦ全廃条約を破棄し、新たな地上発射型中距離ミサイルの開発に乗り出したのには、このような大きな理由があったのでした。

米軍が開発中の地上発射型中距離ミサイル

前章で紹介したＣＳＢＡの海洋圧力戦略に関する報告書でも、地上発射型中距離ミサイルによる「陸上攻撃作戦」が、第一列島線沿いでの地対艦ミサイルによる「海上拒否作戦」や地対空ミサイルによる「航空拒否作戦」、サイバー攻撃などで敵の情報、指揮・統制ネットワークを破壊・攪乱する「情報拒否作戦」と併せて主要作戦に位置付けられています。

同レポートは、米国が新たに開発する地上発射型中距離ミサイルを「(高価なため) 大規模な一斉射撃を行うのに必ずしも費用対効果が高いとは言えないが、地上の航空機、ミサイル発射機、集結した部隊、港湾内の主力艦、重要な指揮・統制、情報通信関連の施設など一刻を争う標的を迅速に攻撃するには、かなりの価値がある」と評価しています。
現在、米軍が開発を進めている地上発射型中距離ミサイルは、次の3種類です。

①長距離極超音速兵器（LRHW：Long-Range Hypersonic Weapon）

弾道ミサイルのようにロケットで打ち上げた後、滑空体（HGV）が切り離され、変則的な軌道を極超音速（音速の5倍以上）で飛翔しながら目標に向かうミサイル（射程2775キロ以上）。通称、「ダーク・イーグル」。

②中距離能力（MRC：Mid-Range Capability）

海軍が運用するトマホーク対地巡航ミサイルとSM6ミサイルを地上から発射するタイプ（射程は、トマホークが約1600キロ、SM6が約370キロと推定）。2023年、このシステムを使ってトマホークとSM6の発射試験に成功した。通称、「タイフォン」。

③精密打撃ミサイル（PrSM：The Precision Strike Missile）

陸軍の高機動ロケット砲システム「HIMARS」から発射する弾道ミサイルで、INF全廃条約の破棄前に開発が始まったため当初の射程は499キロの計画だったが、破棄後は500キロ以上に変更。初期タイプは対地攻撃用だが、射程1000キロ級の対艦攻撃も可能な能力向上型も開発する。米陸軍だけでなく、オーストラリア陸軍も調達予定。通称、「プリズム」。

このほか、海兵隊も地上発射型トマホークを導入します。2023年7月には、カリフ

写真2-3　LRHW　出典：米陸軍ウェブサイト

写真2-4　MRC　出典：米陸軍ウェブサイト

写真2-5　PrSM　出典：米陸軍ウェブサイト

	イメージ	ミサイル・システム	通称	射程距離
陸軍		長距離 極超音速兵器 Long-Range Hypersonic Weapon (LRHW)	ダーク・イーグル	2,775 km 以上
		中距離能力 Mid-Range Capability (MRC)	タイフォン	・トマホーク →1,600 km 以上 ・SM6 →370 km 以上
		精密打撃ミサイル The Precision Strike Missile (PrSM)	プリズム	500 km以上
海兵隊		長射程火力 Long Range Fire (LRF)	(トマホーク)	1,600 km 以上

図2-2　米国が開発中の地上発射型中距離ミサイル

筆者作成、写真は米陸軍ウェブサイトより

ォルニア州のキャンプ・ペンドルトンを拠点とする第十一海兵連隊にトマホークを運用する長距離ミサイル中隊が新編されました。

日本への配備の可能性は？

「はじめに」で述べたように、米太平洋陸軍の司令官は、２０２４年中に地上発射型中距離ミサイルをアジア太平洋地域に配備すると明言しました。

日本も、その有力な候補地の一つです。

なぜなら、中距離ミサイルを中国本土に届かせるためには日本かフィリピンに持ってくる以外の選択肢はないからです。

米国領土で中国に最も近いのはグアムですが、射程の最も長いＬＲＨＷでも中国本土には届きません（グアムから中国本土に届かせるには３０００キロ以上の射程が必要）。そうなると展開先は必然的に、同盟国である日本かフィリピンになります。

ＣＳＢＡの海洋圧力戦略に関するレポートも、「この種の移動式（ミサイル）システムはルソン島、ミンダナオ島、パラワン島、沖縄本島、九州などの大きな島々に配置することができる」と記しています。

２０２１年７月８日の朝日新聞朝刊は、この問題を取り上げて、匿名ですが米国防総省関係者の以下のコメントを紹介しています。

「軍事作戦上の観点から言えば、北海道から東北、九州、南西諸島まで日本全土のあらゆる地域に配備したいのが本音だ。中距離ミサイルを日本全土に分散配置できれば、中国は狙い撃ちしにくくなる」

しかし、配備先の地元からの反発など、政治的ハードルの高さから、「恒久的配備ではなく、米軍がグアムに配備し、訓練やローテーションで日本に一時配備する案が軸になるのではないか」との外務省幹部の見立ても紹介しています。

2024年4月、米陸軍はトマホークやSM6ミサイルを発射できる地上発射型中距離ミサイルシステム「タイフォン」を初めてフィリピンに展開しました。

展開は、米陸軍とフィリピン陸軍の共同訓練「サラクニブ」の一環として行われました。タイフォンの移動式ミサイル発射機は、ワシントン州ルイス・マコード統合基地からルソン島北部のフィリピン軍基地までの約1万3000キロを、米空軍のC17輸送機で15時間かけて輸送されました。

米太平洋陸軍は公式ウェブサイトで「この画期的な展開はフィリピン軍と連携して相互

運用性、即応性、防衛能力を強化し、新たな能力の重要なマイルストーンになるだろう」と発表しました。

恒久的配備か訓練での一時展開かは別にして、いずれ日本にもタイフォンがやって来るでしょう。

写真2-6　フィリピンのルソン島北部に展開した米陸軍の中距離ミサイルシステム「タイフォン」の発射機
出典：米陸軍ウェブサイト

米陸軍が開発中の3種類の地上発射型中距離ミサイルは、いずれも「マルチドメイン・タスクフォース（MDTF）」という部隊が運用する予定です。マルチドメイン・タスクフォースは、敵のA2／AD能力を無力化して自軍の戦域へのアクセスを確保することを任務とする陸軍の新しい部隊です。

2017年に、最初の部隊（第一マルチドメイン・タスクフォース）がルイス・マコード統合基地に新編されました。同部隊は2018年から毎年日本に展開して、自衛隊との共同訓練に参加しています。

米陸軍は2022年、ハワイにもマルチドメイン・タスクフォースを新編しました。米陸軍はさらにもう一つ、インド太平洋地域に新編する計画です。

米国のウォーマス陸軍長官は２０２３年６月、マルチドメイン・タスクフォースの配備について日本政府と協議していることを明らかにしました。

米陸軍が２０２４年２月に公表した戦力構造の再編に関する白書（Army White Paper: Army Force Structure Transformation）に気になる一文があります。

同盟国との協議が進むにつれて、陸軍は抑止力強化のため、マルチドメイン効果大隊や長距離火力大隊などＭＤＴＦの部隊を恒久的に前方駐留させることになるだろう。

地上発射型中距離ミサイルを運用する「長距離火力大隊」をはじめ、米陸軍がマルチドメイン・タスクフォースの部隊を日本に配備したいと考えているのは間違いありません。

日本も地上発射型中距離ミサイルの保有へ

こうした米国の動きと軌を一にするように、日本政府も中国本土を攻撃可能な地上発射型中距離ミサイルの開発に乗り出しました。

前章で述べたように、当初は日本に侵攻する敵の艦艇を脅威圏外から攻撃するためのミサイルと説明していましたが、２０２２年12月に閣議決定した安保三文書で、これを敵基地攻撃能力としても用いる方針を決めました。

現在、日本が開発を進めている地上発射型中距離ミサイルは、次の４種類です。

①12式地対艦誘導弾能力向上型

現在、九州と南西諸島に配備されている12式地対艦誘導弾（巡航ミサイル）の射程を２００キロから１０００キロ以上に延ばす。地上発射型だけでなく、戦闘機や艦船から発射するタイプも開発する。地上発射型は、２０２５年度に配備開始予定。

②島嶼防衛用高速滑空弾

弾道ミサイルのようにロケットで打ち上げた後、滑空体が切り離され、変則的な軌道を高速で飛翔しながら目標に向かうタイプ。

２０２５年度に射程数百キロの「早期装備型」を配備し、２０３０年代初頭に射程を２０００キロ以上に延ばした「能力向上型」を配備する計画。潜水艦から発射するタイプの開発も検討されている。

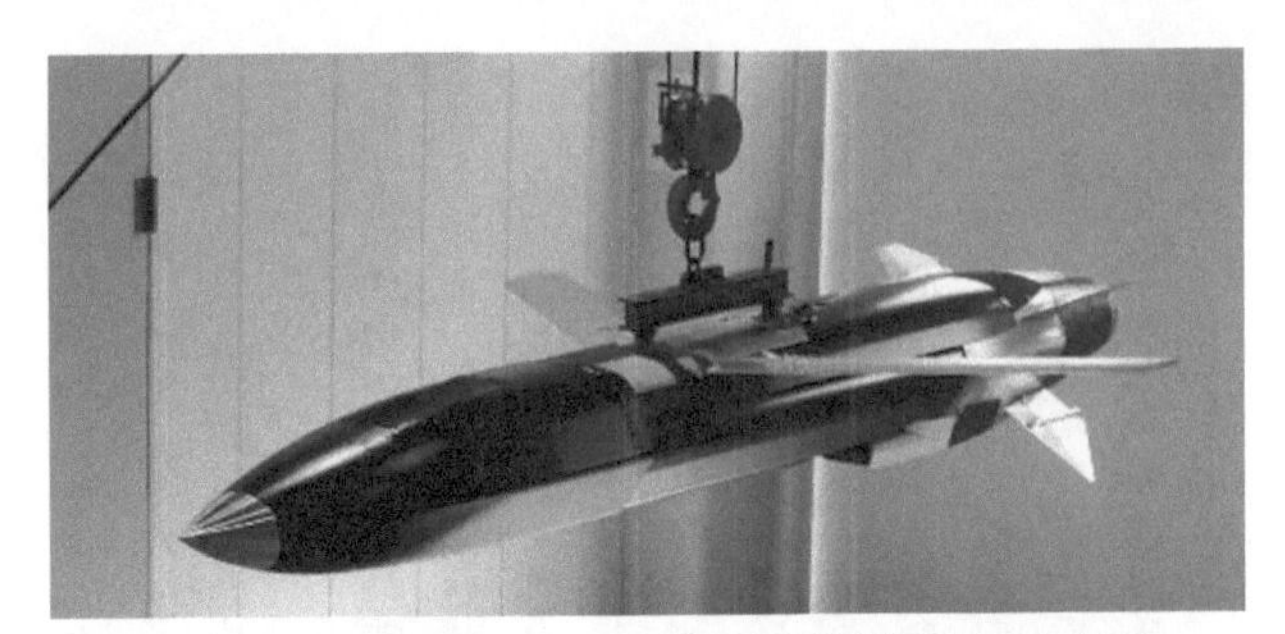

写真2-7　三菱重工が開発する12式地対艦誘導弾能力向上型
出典：『令和6年版防衛白書』

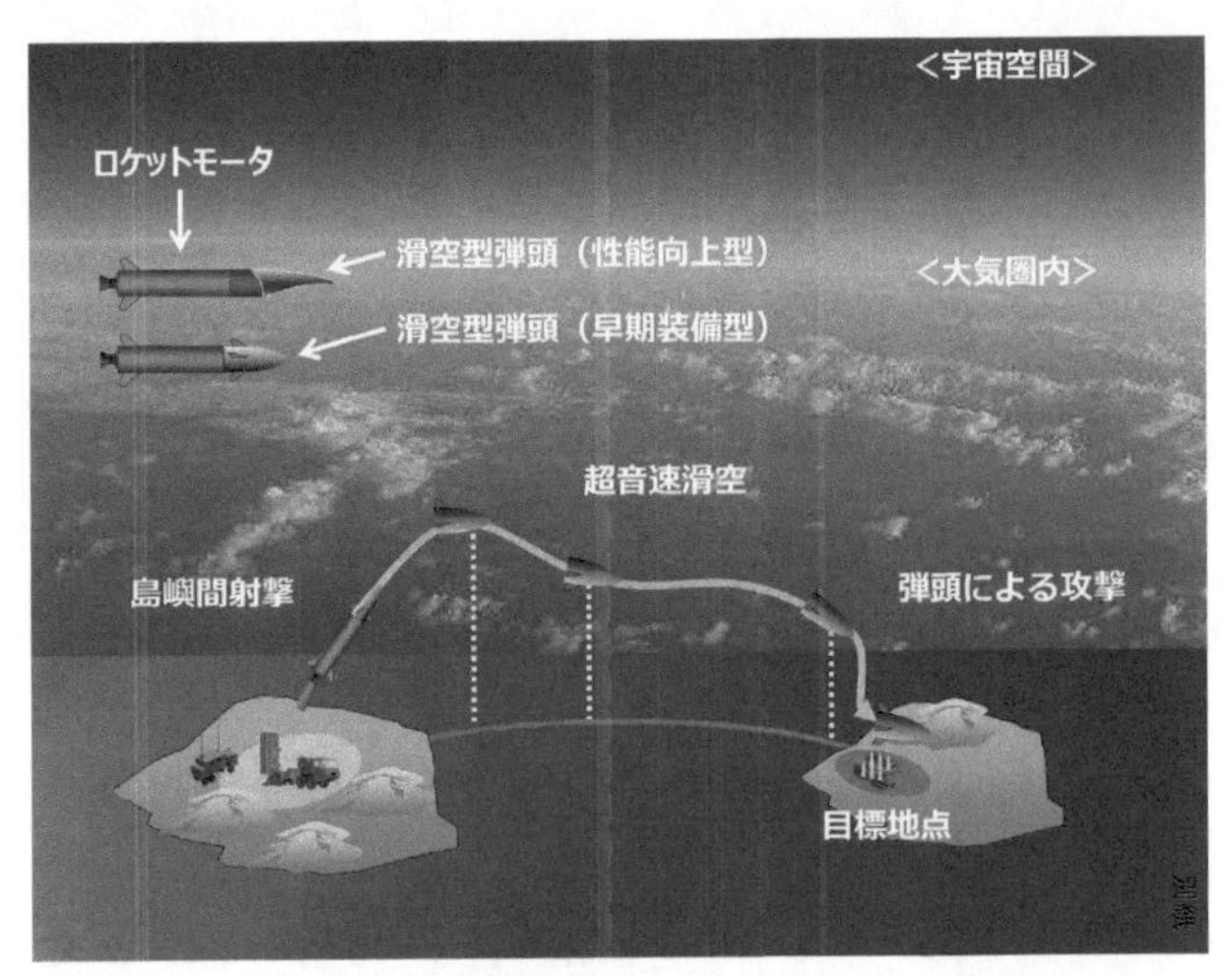

写真2-8　島嶼防衛用高速滑空弾のイメージ　出典：防衛省ウェブサイト

③極超音速誘導弾

音速の5倍（マッハ5、時速約6000キロ）以上で飛翔する巡航ミサイル。一段目のロケットブースターは、島嶼防衛用高速滑空弾能力向上型と共通化する構想。射程は推定3000キロで、2030年代前半の配備を目指している。

④新地対艦・地対地精密誘導弾

12式地対艦誘導弾能力向上型の性能をさらに向上させた地対艦・地対地ミサイル（巡航ミサイル）。発射機は、12式地対艦誘導弾能力向上型と同じものを使用。2030年代前半の配備を目指している。

ミサイルの配備場所は？

防衛省は、これらのミサイルの配備場所をまだ明らかにしていません。しかし、米軍のミサイルと同様、射程距離からある程度予測することは可能です。

2025年度から配備を開始する予定の12式地対艦誘導弾能力向上型は、射程が1000キロ程度だと報じられています。これを台湾海峡や東シナ海に面した中国沿岸部に届かせるためには、南西諸島に置く必要があります。

しかし、射程2000キロ以上と報じられている島嶼防衛用高速滑空弾能力向上型や極超音速誘導弾は、日本の本土に置いても台湾海峡や東シナ海に面した中国沿岸部に届きます。

実際、日本政府は地上配備型中距離ミサイルを「第一段階は南西諸島に、第二段階は富士山周辺に、第三段階は北海道に配備する検討に入った」との報道もあります（毎日新聞、2022年11月25日朝刊）。

つまり、台湾海峡や中国本土をねらう地上発射型中距離ミサイルは、南西諸島だけでなく、北海道から沖縄まで日本全国に配備される可能性もあるということです。

日本政府は地上発射型中距離ミサイルを開発するほかにも、戦闘機から発射するタイプや護衛艦から発射するタイプの中距離ミサイル（いずれも巡航ミサイル）を米国などから調達します。代表的なものは、艦艇発射型の対地・対艦ミサイル「トマホーク」です。400発を米国政府から購入し、2025年度から海上自衛隊のイージス護衛艦への配備を開始します。

敵基地攻撃能力の保有と「見捨てられる恐怖」

最初に中距離ミサイルの導入を決めたのは、安倍晋三首相の時でした（2018年）。安倍は、敵基地攻撃を目的とするものではないと明言していました。

「スタンドオフミサイルは、我が国の防衛に当たる自衛隊機が相手の脅威の圏外から対処できるようにすることで、隊員の安全を確保しつつ、我が国の安全を確保するものであり、敵基地攻撃を目的とするものではありません。（中略）いわゆる敵基地攻撃については、日米の役割分担の中で米国の打撃力に依存しており、今後とも、こうした日米間の基本的な役割分担を変更することは考えていません」

（２０１９年５月16日、衆議院本会議）

ところが、安倍は２０２０年９月に首相を退任する直前、「（周辺国の弾道ミサイルの脅威に対して）迎撃能力を向上させるだけで本当に国民の命と平和な暮らしを守り抜くことが出来るのか」と問いかけ、敵基地攻撃能力の保有を政府として検討していく談話を突然発表したのです。[※2]

さらに首相退任後には、「安倍政権において、スタンド・オフ・ミサイルという形で、具体的な能力については保持した。この能力を打撃力、反撃能力としても行使できるようにしていくことが求められている」と発言しました（２０２１年11月20日に開かれた日本協議会・

※2　https://www.kantei.go.jp/jp/98_abe/discourse/20200911danwa.html

日本青年協議会結成50周年記念大会で)。

最終的に敵基地攻撃能力保有の解禁に踏み切ったのは岸田内閣ですが、その先鞭を付けたのは安倍だったのです。

実は、安倍はかねてより、敵基地攻撃能力の保有を解禁すべきだと考えていました。根っこにあったのは、米国に「見捨てられる恐怖」です。

日米同盟の下で、日本はこれまで防御という「盾」の役割に徹し、敵基地攻撃という「矛」の役割は米国に委ねてきました。しかし、いざという時に米国がこの「矛」を使ってくれないのではないかという懸念があったのです。

特に相手が中国や北朝鮮のような核保有国の場合、全面的な核戦争にエスカレートするのを避けるため、米国が相手国の領域内に攻撃を加えるのを躊躇(ちゅうちょ)するのではないかと考えられていました。

実際、米国にはそのように主張する人たちがいます。

たとえば、米国防大学国家戦略研究所のトーマス・ハメス上席研究員(元海兵隊大佐)は2012年に「オフショア・コントロール」という戦略を提唱します。

この中でハメスは、中国との武力紛争が発生した場合、米国は核戦争へのエスカレートを避けるために中国本土への攻撃は行うべきではないと主張します。

代わりに、中国海軍を第一列島線の内側（東シナ海と南シナ海）に封じ込め、遠距離経済封鎖で経済的に中国を疲弊させることで現状変更を断念させて戦争を終結させる構想を提案しました。

この戦略では、日本は一方的に中国の攻撃を受け、耐える事態を覚悟せざるを得ません。米国でオフショア・コントロール戦略が出てきた直後、当時首相だった安倍が国会で次のように答弁し、日米の「盾と矛」という役割分担を見直す必要性を示唆しました。

「抑止力とは、つまり攻撃をしたら痛い目に遭うよ、そもそも攻撃することは考えない方がいいという状況をつくっていくことでございますが、彼らが（に）、もしこの矛を米軍がこういうケースでは使わないんではないかという間違った印象を与えることはあってはならないわけでございまして、そこで、今まさに日本を攻撃しようとしているミサイルに対して、米軍がこれは攻撃してくださいよと、米軍の例えばＦ16が飛んでいって攻撃してくださいよと日本が頼むという状況でずっといいのかどうかという問題点、課題はずっと自民党においても議論をしてきたところでございます」

（２０１３年5月8日、参議院予算委員会）

つまり、「矛」の役割を百パーセント米国だけに委ねていると、いざという時に使ってくれない可能性があるので、日本も自ら「矛」の役割を果たすことで米国にも使ってもらえるようにしようという考えです。

これは、２０１４年に安倍内閣が憲法解釈を変更して集団的自衛権の行使を解禁した時の動機とも、よく似ています。

集団的自衛権とは、同盟国などに対する武力攻撃に対し、自国が直接攻撃されていないにもかかわらず武力を用いて反撃する権利のことです。国連憲章では認められていますが、日本政府は「憲法第９条の下で許容される自衛権の行使は自国を防衛するため必要最小限度の範囲にとどまるべきことから、集団的自衛権の行使については、この範囲を超えるため、憲法上認められない」（１９８１年5月29日、稲葉誠一衆議院議員の質問主意書に対する答弁書など）という憲法解釈を長年堅持してきました。これを安倍内閣が変更し、「存立危機事態」と認定すれば集団的自衛権を行使できるようにしたのです。

安倍は、米国が戦争をする時に日本も一緒に戦わなければ、日本が攻撃された時に米国は一緒に戦ってくれない可能性があると考えていました。２００４年に刊行された対談本の中でも、次のように述べていました。

「軍事同盟というのは〝血の同盟〟です。日本がもし外敵から攻撃を受ければ、アメリカの若者が血を流します。しかし今の憲法解釈のもとでは、日本の自衛隊は、少なくともアメリカが攻撃されたときに血を流すことはないわけです。実際にそういう事態になる可能性は極めて小さいのですが。しかし完全なイコールパートナーと言えるでしょうか」

（安倍晋三・岡崎久彦『この国を守る決意』扶桑社、2004年）

いざという時に米国に見捨てられるのではないかと心配し、見捨てられないために米国への軍事的協力を拡大する――これが安倍内閣から岸田内閣へと続く「防衛政策の大転換」の根っこにある思考だと私は見ています。

中国政府は「対抗措置」を明言

前述したように、米国が日本など中国周辺に地上発射型中距離ミサイルを配備した場合、中国政府は「対抗措置をとる」と明言しています。

2019年8月に米国がINF全廃条約から離脱した直後、エスパー国防長官は新たに開発する地上発射型中距離ミサイルはアジアに配備したいと表明しました。

これに対し、中国外交部の傅聡（ふそう）軍備管理局長は会見で、「米国が世界のこの地域に地上発射型中距離ミサイルを配備した場合、中国は黙って見ているわけではなく対抗措置をとらざるを得なくなることを明確にしておきたい」と語り、日本や韓国などの近隣諸国に対して自国領土内への配備を認めないよう求めました。

また、米国の国民に向けてこんなメッセージも発しました。


「キューバ危機を経験した国としては、米国が中国の玄関口にミサイルを配備した場合、中国がどのように感じるかは米国民も理解できると思う」

（2019年8月6日、記者会見にて）

核戦争の一歩手前まで進んだキューバ危機

1962年10月に起きた「キューバ危機」。人類が最も全面核戦争に近づいたと言われるこの事件の原因になったのも、地上発射型中距離ミサイルでした。

1962年5月、ソ連は米国と目と鼻の先に位置するカリブ海の島国キューバに中距離ミサイルを配備すると決定します。

配備の最大の目的は、米国によるキューバ侵攻の抑止でした。

1959年の革命で親米政権が倒されたキューバでは、フィデル・カストロ率いる革命政権が社会主義を目指すことを宣言し、ソ連と急接近していました。これを警戒した米国は、カストロ政権を転覆するために亡命キューバ人に大量の武器を供与して侵攻させましたが、失敗に終わりました（1961年4月のピッグス湾事件）。

次は米国が直接キューバに侵攻する可能性があると考えたソ連は、それを抑止するため、キューバに核弾頭を搭載した地上発射型中距離ミサイルを配備することを決定したのです。キューバもそれを受け入れます。

キューバと米国本土は最短距離で150キロしか離れていません。そこに射程4000キロのソ連の核ミサイルが配備されれば、ハワイとアラスカを除く米国の国土のほぼ全域が射程に収まることになります。これは米国にとって絶対に容認できないものでした。

米軍の幹部たちは、建設中の核ミサイル基地を破壊するために直ちに空爆を行うよう強く主張します。しかしケネディ大統領は、まずは海上封鎖で圧力をかけ、ソ連に核ミサイルの撤去を迫るオプションを選択します。

これに対してソ連のフルシチョフ首相は、核ミサイルの撤去を拒否し、「米軍がソ連船を停止させて臨検すれば、海賊行為とみなし、ソ連軍潜水艦に米軍艦船を撃沈するように命ずる」と警告します。

米国とソ連は、互いに一歩も引けないチキンレースの泥沼に入り込んでいました。

米国による海上封鎖が始まると、両者は一触即発の状況になります。そんな中、最悪の事件が起きてしまいます。キューバ上空を偵察飛行していた米軍機がソ連軍の地対空ミサイルで撃墜され、パイロットが死亡したのです。

海上封鎖では核ミサイルの配備を止められないと考えていた米軍の幹部たちは、改めてキューバへの空爆と侵攻に踏み切るようケネディ大統領に強く迫ります。水面下では戦争を回避するための外交交渉が懸命に行われていましたが、タイムリミットは刻一刻と迫っていました。

結局、ギリギリのところで、米国がキューバに侵攻しないと確約するのと引き換えにソ連がキューバから中距離ミサイルを撤去するという合意が成立し、戦争は回避されました。

しかし、後に、核兵器の発射ボタンが押される寸前だったことが判明します。

海上封鎖海域でソ連軍の潜水艦を発見した米軍の駆逐艦が警告のために爆発力の小さな訓練用爆雷5発を海中に投下したところ、潜水艦の艦長が「攻撃を受けた」と誤認して核魚雷で反撃しようとしていたのです。副艦長が冷静に判断して止めていなければ、核戦争が始まっていたところでした。

また、キューバ危機の最中、米軍の中距離核巡航ミサイル「メースB」が配備されていた沖縄でも発射命令が誤って出されていたことが、２０１５年に米軍関係者の証言で明らかになりました。

核戦争は、起きていてもおかしくなかったのです。

ソ連は、米国のキューバ侵攻の抑止を目的に、同国に中距離ミサイルを配備しました。結果的に米国からキューバ不可侵の確約を得ることができたという点では、目的は達成できたと言えます。しかし、一歩間違えれば米ソ全面核戦争に突入していたかもしれなかったのです。

今後、米国が中距離ミサイルを日本などに配備すれば、キューバ危機と同じように対抗措置の応酬で米中の軍事的緊張が極度に高まり、核戦争という破滅的な事態を招くおそれは十分にあります。

核戦争のリスクを高める極超音速滑空弾

米国がアジアに配備しようとしている地上発射型中距離ミサイルは、核兵器ではなく通常兵器だと米国防総省は明言しています。その点では、キューバ危機を招いたソ連の中距離核ミサイルとは異なります。

しかし、通常弾頭のミサイルだったとしても核戦争を引き起こすリスクは高まります。なぜなら、このミサイルを中国の近くに配備することで、中国本土の核兵器関連の施設を攻撃することが可能になるからです。

特に、「ダーク・イーグル」と名付けられた極超音速兵器（ＬＲＨＷ）は、中国にとって大きな脅威になります。音速の5倍以上の速さで低い高度を長距離飛翔し、かつグライダーのように軌道が変則的で予測不可能なため、最後までどこを目標としているのかわからず、迎撃が極めて困難なミサイルだからです。

敵のミサイル防衛システムを突破し、国家指導者の官邸や軍の総司令部、核兵器関連の施設といった国家の中枢への攻撃も可能です。米国が日本にダーク・イーグルを配備すれば、北京への攻撃も可能となります。これは中国にとっては、国家の存立にかかわる脅威となります。

「だからこそ抑止力になる」という見方もできますが、戦争になって実際に使われるような事態になれば、相手の核兵器による反撃を招きやすい兵器にもなります。

前述したように、中国はすでにＤＦ17という極超音速兵器を実戦配備しています。

これがやっかいなのは、通常弾頭と核弾頭の両用型になっている点です。

ＤＦ17の射程は２０００キロ以上と推定されているので、東京も含めて日本全土が射程圏内です。

飛んできた滑空弾が通常弾頭なのか核弾頭なのかは、着弾して爆発しないとわかりません。しかも、既存のミサイル防衛システムでは迎撃が極めて困難だというのは、日本にとってまさに国家の存立にかかわる脅威です。

ちなみに、ロシアや北朝鮮も同様のミサイルの開発を進めています。これらも完成すれば、日本を射程に収めることになるでしょう。

米国政府は2021年、核兵器の使用を報復のみに限定し、先制使用は行わない政策の採用を一時検討しました。しかし最終的に見送りました。見送ったのは、日本など米国の「核の傘」に入る同盟国が反対したからだと言われています。

米国政府が2022年10月に公表した核兵器政策に関する基本文書（「核態勢の見直し〈NPR〉」）は、見送った理由について「米国と同盟国に戦略レベルの損害を与え得る相手側の非核能力を踏まえれば、（先制不使用政策は）許容できないリスクをもたらす」と記述しています。

この「戦略レベルの損害を与え得る相手側の非核能力」とは、極超音速兵器を念頭に置いているものと思われます。

同盟国に対する極超音速兵器による戦略レベルの攻撃に対しては、核兵器で反撃する選択肢を放棄しないと判断したのです。

2023年3月10日に開かれた米下院軍事委員会戦略軍小委員会で、民主党のセス・

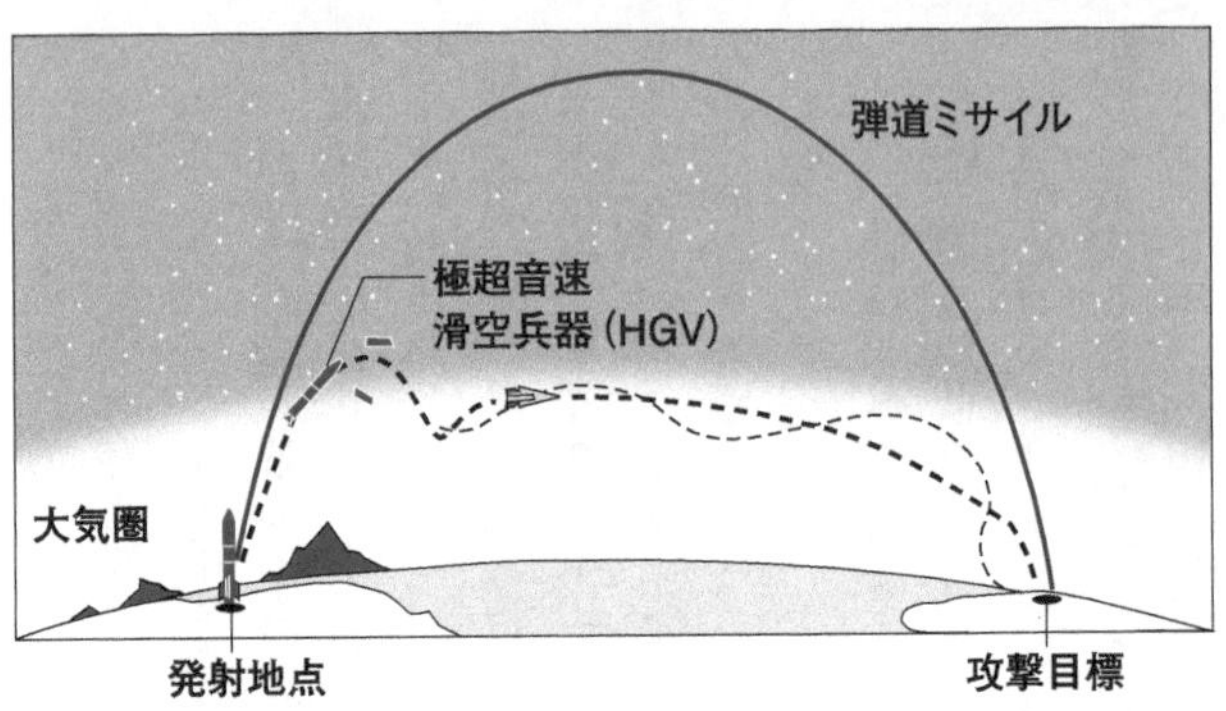

図2-3　通常の弾道ミサイルに比べて低高度を変則的に高速飛行するために迎撃が難しい極超音速滑空兵器（HGV）
GAO analysis of Department of Defenceのデータを基に作成

モールトン議員は次のように発言し、極超音速兵器は核戦争のリスクを高め世界を不安定にすると指摘しました。

「もしある国が、飛来する極超音速ミサイルが戦略核兵器であるか否か、あるいはどこに向けられているのかを判断できない場合、その国は全面的な核反撃を開始せざるを得ないと感じ、その結果、核兵器による大惨事が起きる可能性があります」

米国の地上発射型中距離ミサイルのアジアへの配備が中国による台湾侵攻の抑止に有効かについては、さまざまな意見があります。仮に有効だとしても、核戦争を引き起こすリスクがあることを踏まえた議論を行う必要があります。

【コラム】ミサイルの種類

ミサイルとは、ロケットエンジンやジェットエンジンを使って目標に向かって飛行する兵器で、主にエンジンなどの推進部、飛行制御のための誘導制御部、そして目標破壊のための弾頭から構成されます。

ミサイルには、大きく分けて弾道ミサイルと巡航ミサイルがあります。

弾道ミサイルは、ロケットエンジンで宇宙空間まで上昇し、ロケット燃料が燃え尽きた後はそのまま慣性で飛翔して放物線を描いて目標に到達します。

巡航ミサイルは、飛行機のようにジェットエンジンを推進装置とし、大気中を低空で自律飛行して目標に到達します。

弾道ミサイルは、抵抗が少ない大気圏の高層や宇宙空間を飛行するため、巡航ミサイルよりも高速となります。大気圏に再突入した後も、高高度から落下するため高速で目標に向かいます。

巡航ミサイルは弾道ミサイルと比べて速度は遅いですが、低空を飛行するため目標に到達する直前まで敵のレーダーに捕捉されにくい特徴があります。

もう一つ、「極超音速滑空体（ＨＧＶ）」という新しいミサイルも開発されています。弾道ミサイルと同じようにロケットエンジンで宇宙空間まで上昇し、放物線を描いて落下するのですが、途中でグライダーのような滑空飛行に切り替わり、低空を高速で長距離飛行して目標に向かいます。

低空で飛ぶ上に速度も巡航ミサイル（マッハ0・7程度）と比べて速く（マッハ5以上）、かつ変則的な軌道で飛ぶため、迎撃が難しい最新鋭のミサイルです。

また、ミサイルには射程距離による分類もあります。

ＩＮＦ全廃条約で廃棄の対象とされた射程500キロ以上5500キロ以下のミサイルが中距離ミサイルで、これより射程の長いものが長距離ミサイル（大陸間弾道ミサイルなど）、射程の短いものが短距離ミサイルです。

ミサイルの誘導技術の進歩により、移動する目標も含めて命中確率は以前に比べて格段に上昇しました。

一つのミサイルに複数の弾頭を搭載し、複数の目標を同時に攻撃できるミサイルもあります。

ミサイルの弾頭には、大きく分けて高性能爆薬が詰められた通常弾頭と核弾頭があります
（核兵器の種類については第4章のコラムで詳述）。

第3章　米軍指揮下に組み込まれる自衛隊

同盟史上「最も重要なアップグレード」

「You are not alone. We are with you（米国は独りではない。我々はあなたたちと共にある）」

壇上の岸田文雄首相がひときわ大きな声でこう訴えると、米連邦議会の議場ではスタンディング・オベーションが起こりました。

２０２４年４月11日（現地時間）、岸田首相は米国連邦議会の上下両院合同会議で演説しました。日本の首相が上下両院合同会議で演説するのは、２０１５年の安倍晋三首相以来、9年ぶり2度目のことです。

岸田首相は中国や北朝鮮、ロシアといった国々を念頭に「米国が何世代にもわたり築いてきた国際秩序は今、新たな挑戦に直面している」と指摘し、日本は米国の「グローバルなパートナー」として自由と民主主義を守るために共に行動すると約束しました。

そして、「日本は（中略）第二次世界大戦の荒廃から立ち直った控え目な同盟国から、外の世界に目を向け、強く、コミットした同盟国へと自らを変革してきました」と強調。日米同盟をいっそう強固なものにするため、自身が先頭に立って、防衛費の国内総生産（ＧＤＰ）

写真3-1　首脳会談後、共同記者会見を行う岸田首相とバイデン大統領　出典：首相官邸ウェブサイト

比2％への大幅増額や「反撃能力」（敵基地攻撃能力）の保有解禁などに取り組んできたとアピールしました。

この前日にホワイトハウスで行われた日米首脳会談でも、岸田首相は日本の防衛力強化の取り組みを伝え、バイデン大統領は改めて強い支持を表明しました。その上で両首脳は、「日米同盟を更に前進させるための新たな戦略的イニシアティブ」を発表しました。

そこで第一に挙げたのが、「指揮・統制の向上」です。

首脳会談後に発表された共同声明は次のように記しています。

我々は、作戦及び能力のシームレスな統合を可能にし、平時及び有事における自衛隊と米軍との間の相互運用性及び計画策定の強化を可能にするため、二国間でそれぞれの指揮・統制の枠組みを向上させる意図を表明する。

バイデン大統領は会談後に開かれた記者会見で、「これは同盟が発足して以来、最も重要なアップグレードだ」と強調しました。

「指揮・統制の枠組みを向上させる」とは、何を意味するのでしょうか。

バイデン政権で国家安全保障担当大統領補佐官を務めるジェイク・サリバンは、首脳会談直前に受けたＮＨＫのインタビューの中でこう語りました。

「私たちは日本におけるアメリカの作戦指揮の機能を高めるとともに、日本とのあいだで作戦指揮の機能の統合を確実に進めていく準備がある」

この言葉どおり、米国が望んでいるのは、米軍と自衛隊の作戦指揮機能の統合です。

実質的にＮＡＴＯ・米韓同盟方式に近づけるのが米国のねらい

作戦指揮機能が統合された一番わかりやすい例は、米国を中心とした欧州・北米の多国間軍事同盟、ＮＡＴＯ（北大西洋条約機構）、そして米韓同盟です。

図３－１のようにＮＡＴＯとして軍事行動をとる場合、加盟国の軍隊は「欧州連合軍最高司令官」の指揮下で行動することになっています。同司令官は、米欧州軍司令官が兼任しています。つまり、加盟国の軍隊は米軍司令官の指揮下で一丸となって行動するのです。米韓同盟も、米軍と韓国軍の連合司令部が設けられ、米軍司令官の指揮下で一丸となって動く体制になっています。

一方、日米同盟では、自衛隊が米軍司令官の指揮下に入る形にはなっていません。日米の防衛協力の在り方について定める「日米防衛協力の指針」（ガイドライン）は、「自衛隊及び米軍は、緊密に協力し及び調整しつつ、各々の指揮系統を通じて行動する」と明記しています。

米国は、日米同盟もＮＡＴＯや米韓同盟のように完全に作戦指揮機能が統合された形にしたいと考えています。

しかし、これを困難にしているのが、日本の憲法第９条の存在です。日本政府は、憲法第９条の下で認められる武力の行使は「我が国を防衛するため必要最小限度」に限られる、という憲法解釈を採っています。

２０１５年に成立した安保法制により、日本が武力攻撃を受けた場合の個別的自衛権の

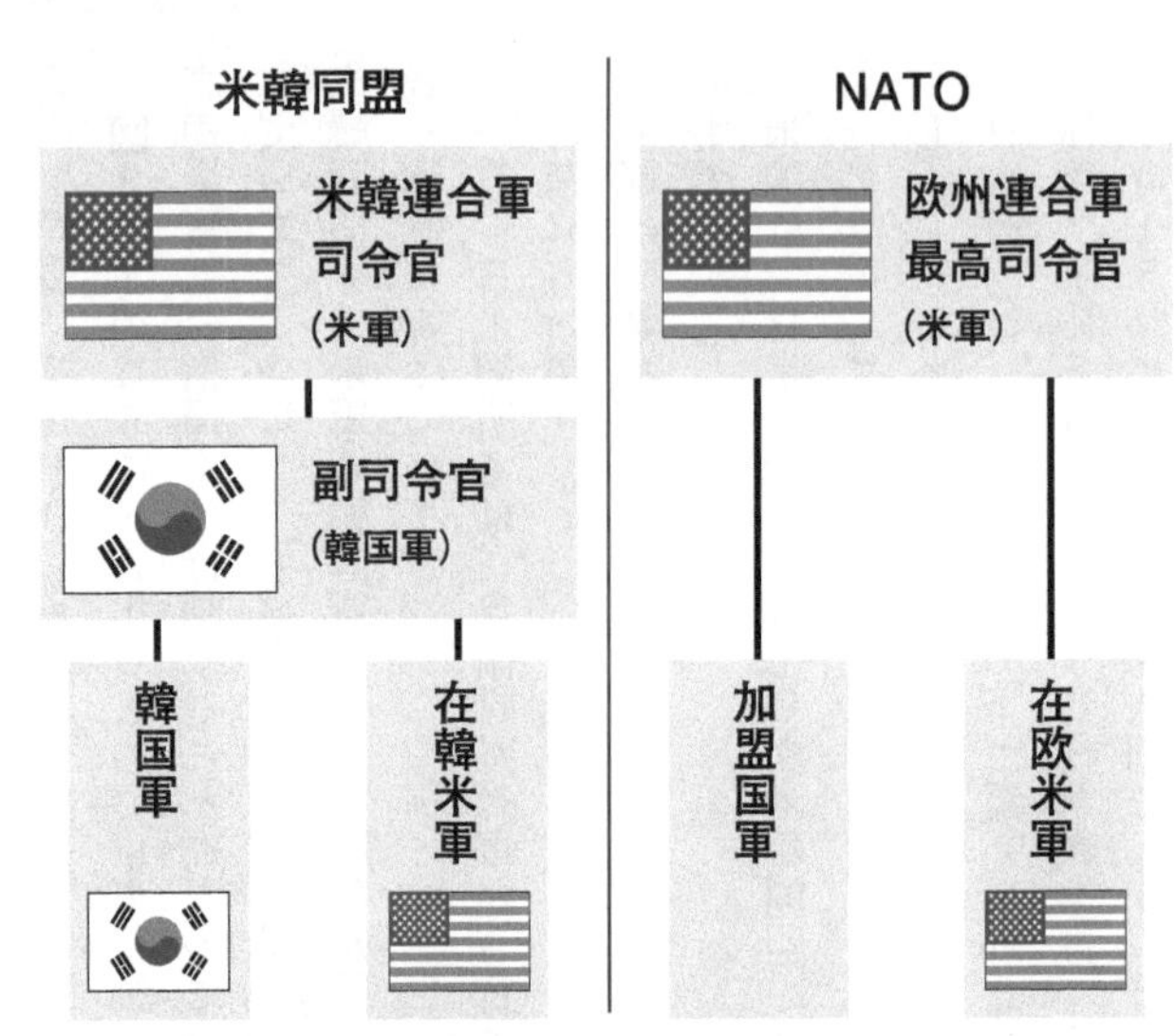

図3-1 NATOと米韓同盟の指揮構造 筆者作成

行使に加えて、日本と密接な関係にある他国に対する武力攻撃が発生した場合の集団的自衛権の行使も認められましたが、それも「これにより我が国の存立が脅かされ、国民の生命、自由及び幸福追求の権利が根底から覆される明白な危険がある事態」の場合に限定されています。

米国にはこのような制限はありませんから、自衛隊が米軍司令官の指揮下に組み込まれた場合、自衛隊の行動が憲法第9条の下で認められる範囲を超えた米国の武力行使と「一体化」していると評価される恐れが生じます。そうなると憲法違反になってしまうので、自衛隊の指揮は米軍から独立した形にしているのです。

日米首脳会談で「指揮・統制の向上」が合意された直後の記者会見で林芳正官房長官が「自衛隊が米軍の指揮・統制下に入ることはない」と強調したのも、そのためです。

憲法第9条がある限り、NATOや米韓同盟のように米軍司令官が指揮する連合軍体制を正式に採用するのは困難ですが、実質的に限りなくこれに近づけようというのが米国政府のねらいです。

同盟国と「シームレスな統合」目指す米IAMD

米国政府が米軍と自衛隊の作戦指揮機能の統合を重視する背景には、中国を仮想敵とする米国の軍事戦略があります。

台湾有事などで米軍の最大の脅威となる中国のミサイル戦力に対抗するため、米国は現在、「統合防空ミサイル防衛」（IAMD：Integrated Air and Missile Defence）能力の構築に力を入れています。

米軍はIAMDを次のように定義しています。

航空及びミサイル能力によって負の効果を生み出そうとする敵の能力を無力化する

ことにより、本土防衛、国益の保全、統合軍の防衛、そして行動の自由を獲得するための各種能力と重層的な諸作戦の統合。

（米統合参謀本部、Joint Publication 3-01 “Countering Air and Missile Threats”）

敵の航空機やミサイルの能力を無力化し、米国や同盟国の領土を守り、米軍の作戦行動の自由を獲得するのがＩＡＭＤのねらいです。その最大の特徴は、飛来してきた敵の航空機やミサイルを迎撃する「防御的対空作戦」と、敵の航空機やミサイルが配備された基地等を先制的に攻撃する「攻撃的対空作戦」をセットにしている点にあります。

米国は、同盟国と共にＩＡＭＤを推進しようとしています。欧州ではすでにＮＡＴＯとしてＩＡＭＤを推進していますが、インド太平洋地域でも同盟国と一体でＩＡＭＤを推進したいと考えているのです。そのため、米インド太平洋軍は２０１４年、ＩＡＭＤについて同盟国の軍隊に教育・訓練する機関として「太平洋ＩＡＭＤセンター」をハワイに設立しました。

米空軍大学発行の『インド太平洋ジャーナル』誌の２０２２年1月号に、「インド太平洋軍のＩＡＭＤビジョン２０２８」と題する論文が掲載されました。執筆者は太平洋ＩＡＭＤセンターの所長を務めるリン・サベージ大佐で、米インド太平洋軍の「ＩＡＭＤビジョン２０２８」の内容を解説しています（同ビジョン自体は２０１８年に策定されたものですが、全文は公表されていません）。

論文は、中国のミサイルを中心とするＡ２／ＡＤ能力の脅威に対処するために米軍はアジア太平洋地域に分散展開する作戦を計画しているものの、広大なエリアに分散した米軍部隊を中国のミサイル攻撃から守るＩＡＭＤの整備は米国単独では不可能であり、同盟国などとの協力が不可欠だと指摘しています。

その上で、次のように強調しています。

> インド太平洋軍の広大な責任区域では、同盟国やパートナー（の協力）は絶対に不可欠であり、地域のパートナーとシームレスに統合するという構想はこのビジョンの革新的な側面である。米国にとって、同盟国やパートナーと政治的、軍事的に「連携」し、肩を並べて活動することは何も新しいことではない。しかし、部隊をシームレスに統合して一体運用するのは新しい取り組みだ。

同盟国などとの肩を並べての「連携」はこれまでもあったが、ＩＡＭＤが必要とするのは「シームレスな統合」だと強調しているのです。シームレスとは、切れ目がないという意味です。つまり、一心同体になるということです。

そして、「シームレスな統合」は、パートナー（同盟国）を「防御と攻撃のスキルの統合に向かわせる」とも述べています。

前述のとおり、米国のＩＡＭＤは、飛来した敵の航空機やミサイルを迎撃する防御的作戦と、航空機の発進やミサイルの発射前に先制的に攻撃して無力化する攻撃的作戦の二つで構成されています。同盟国にも、米軍と同様に、防御的作戦と攻撃的作戦の両方を行うよう求めているのです。

そして、こうしたシームレスな統合を進める上で、「ＩＡＭＤビジョン２０２８」が特に重視しているのが、情報共有と指揮・統制のシステム統合です。具体的には、次のように記しています。

ＩＡＭＤビジョン２０２８は、米軍専用の強固な指揮・統制にとどまらず、地域で統合され相互運用可能な火器管制アーキテクチャと、先進的な統合・多国間ＩＡＭＤ戦闘管理・交戦調整システムを提案している。

専門用語がたくさん出てきて難解なので、少し丁寧に解説したいと思います。

UNCLASSIFIED

- JOINT FORCE LETHALITY
- DESIGN & POSTURE
- ALLIES & PARTNERS
- EXERCISES, EXPERIMENTATION, & INNOVATION

INDOPACOM IAMD Vision 2028

ENSURING A FREE AND OPEN INDO-PACIFIC

Vision: USINDOPACOM defends critical fixed sites and mobile and expeditionary forces from the full range of advanced air and missile threats—with ability to seamlessly integrate with high-end allies—to enable freedom of maneuver and power projection to maintain a free and open Indo-Pacific.

To achieve the above, we need:

- **AOR-wide Integrated, Netted, and Layered Sensor Coverage**
  - Birth to death tracking of all threats within air and space domains
  - Space, terrestrial, mobile, and partner sensors
- **Regional Integrated Fire Control Architecture**
  - Joint standard fire control network
  - Modular open system architecture
  - Selective multilateralism (tailorable releasability)
- **Advanced Joint IAMD Battle Management & Engagement Coordination Systems**
  - Rapidly tailorable automatable battle management tasking tools
  - IAMD defense design planning and analysis tool
  - AI-enabled decision aides to provide engagement solutions
  - Prevent over-engagement or missed engagements of maneuvering missiles
  - Offensive-defensive integration and enabling attack operations

So we can achieve:

- **Credible Fixed, Mobile, and Expeditionary IAMD Operations**
  - Defense fixed / mobile / expeditionary assets with best-suited arrangements of systems
  - Lighter footprint enabled by multiple Engage-on-Remote options & connections – *Untether interceptors from sensors*

写真3-2　「IAMDビジョン2028」の概要を記した米インド太平洋軍の文書

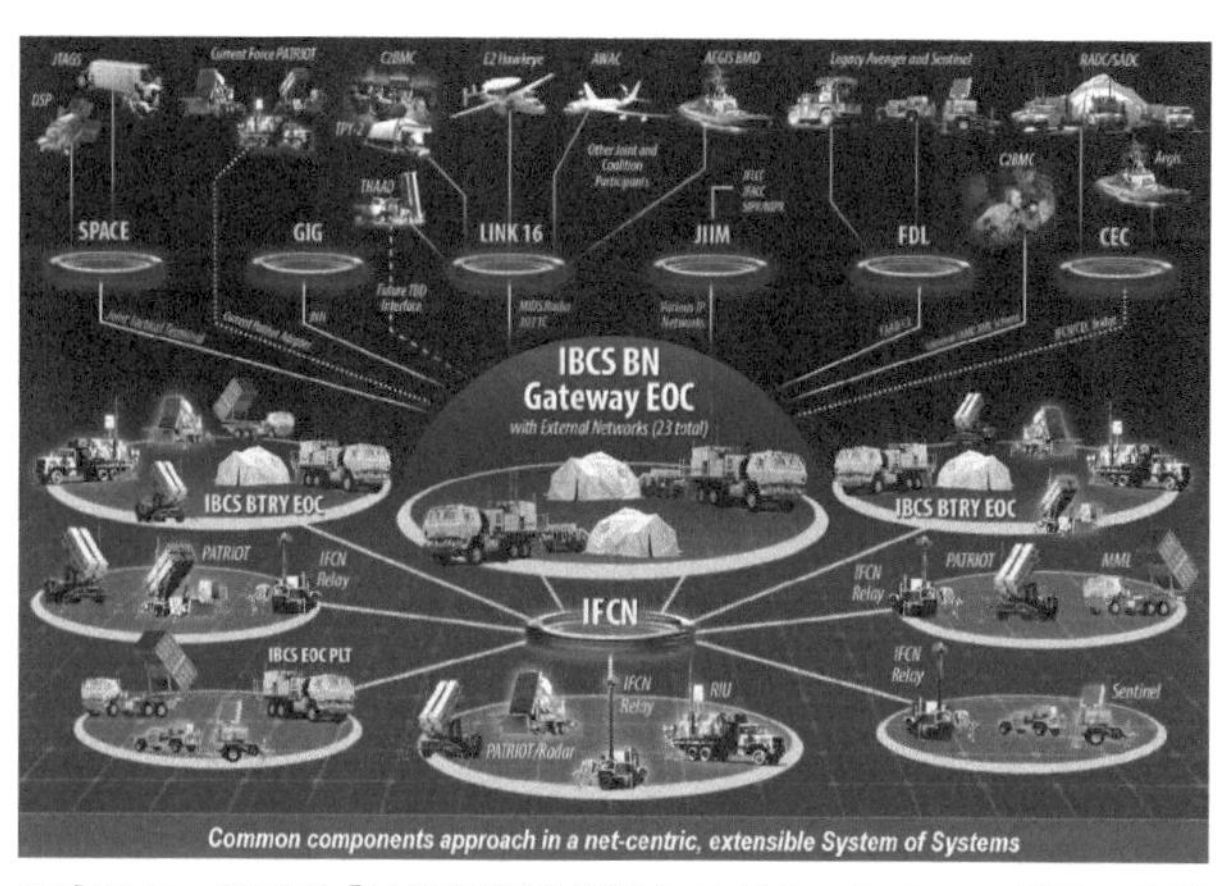

写真3-3　米軍の「IAMD戦闘指揮システム」のイメージ図。全領域のセンサーとシューターをネットワークで連結する

出典：NORTHROP GRUMMAN

米国防総省は現在、米軍内のシームレスな統合を実現するために、「統合全領域指揮・統制（JADC2）」構想を進めています。

米軍のすべての軍種のセンサーとシューターを一つのネットワークでつなぎ、一元的な指揮・統制の下で運用する構想です。

センサーとは、敵を探知する装備の総称で、代表的なものはレーダーです。シューターとは、探知した敵を攻撃するためのミサイルなどを発射する各種プラットフォームの総称です。米軍では4軍（陸・海・空軍、海兵隊）がそれぞれセンサーとシューターを運用していますが、これらを一つのネットワークでつなぎ、指揮・統制も一元化するのです。

しかも、この構想が目指しているのは、センサーが探知した情報に基づきAI（人工知能）が瞬時に作戦計画を自動生成してミサイル部隊などに伝達するようなシステムです。

この米軍の指揮・統制システムの一部に同盟国の指揮・統制システムも組み込み、シームレスに一体運用しようとしているのです。

論文は、IAMDにおける同盟国軍との「シームレスな統合」をチームスポーツに例えて、次のように記しています。

すべての選手、すべてのコーチが同じプレーブックを持ち、互いの動きやルールを熟知し、首尾一貫して効果的に練習し、一緒にゲームプランを実行する。選手とコーチは交ざり合い、一緒に練習し、対戦相手からは準備の整った一つのチームとして見られる。

一つのチームに監督が何人もいたら、一丸となって一つのゲームプランを実行することはできません。同じように、多国間でシームレスに統合したＩＡＭＤ作戦を実行するには、指揮官は一人にする必要があります。つまり、同盟国の部隊も実質的に米軍司令官の指揮下で運用する体制をつくろうとしているのです。

日本のＩＡＭＤは米国のＩＡＭＤとは別物？

日本も２０２２年12月に閣議決定した安保三文書で、ＩＡＭＤの推進を正式に決めました。

それまで正式にＩＡＭＤの推進を決めることができなかったのは、日本は敵基地攻撃能力を持たず、飛来した敵の航空機やミサイルを迎撃する防御的作戦しかできなかったからです。そのため、「統合防空ミサイル防衛」ではなく、一文字違う「総合防空ミサイル防衛」と名付けていました。

しかし、安保三文書で敵基地攻撃能力の保有を解禁したのと同時に、米国と同じ名称に改めました。「国家防衛戦略」は、ＩＡＭＤについて次のように記しています。

相手からの我が国に対するミサイル攻撃については、まず、ミサイル防衛システムを用いて、公海及び我が国の領域の上空で、我が国に向けて飛来するミサイルを迎撃する。その上で、弾道ミサイル等の攻撃を防ぐためにやむを得ない必要最小限度の自衛の措置として、相手の領域において、有効な反撃を加える能力として、スタンド・オフ防衛能力等を活用する。

米国のＩＡＭＤと同様、ミサイルの迎撃と敵基地攻撃をセットにした構想になっています。

ところが日本政府は、日本のＩＡＭＤは米国のＩＡＭＤとは別物だと説明しています。岸田文雄首相は国会で次のように答弁しました。

「米軍のＩＡＭＤ、統合防空ミサイル防衛ですが、これは名称は似通っていますが、我が国の統合防空ミサイル防衛能力、これは全く別物であります。

我が国の統合防空ミサイル防衛能力は、これは米国の要求に基づくものではなく、また、米国が推進するIAMDとは異なる、我が国主体の取組であります」

（2024年4月22日、衆議院予算委員会）

しかし、自衛隊が敵基地攻撃を行う場合の作戦を具体的に考えれば、岸田首相の答弁は詭弁であることがわかります。

写真3‐4は、防衛省が作成した「反撃能力について」というタイトルの文書です。一般に公表されたものではなく、防衛省が政府内での説明用に作成した部内文書です（情報公開請求で入手）。

この文書によると、敵基地攻撃は「日米共同対処」で行うとされています。具体的には、次の五つの手順で行われます。

①ISRT（情報収集・警戒監視・偵察・ターゲティング）、情報分析
②計画立案・目標割当
③指揮・統制
④火力発揮

日米共同対処

● 以下のオペレーションのサイクル、特に目標情報の共有、反撃を行う目標の分担、成果についての評価の共有等について、日米で協力を行うことが考えられる

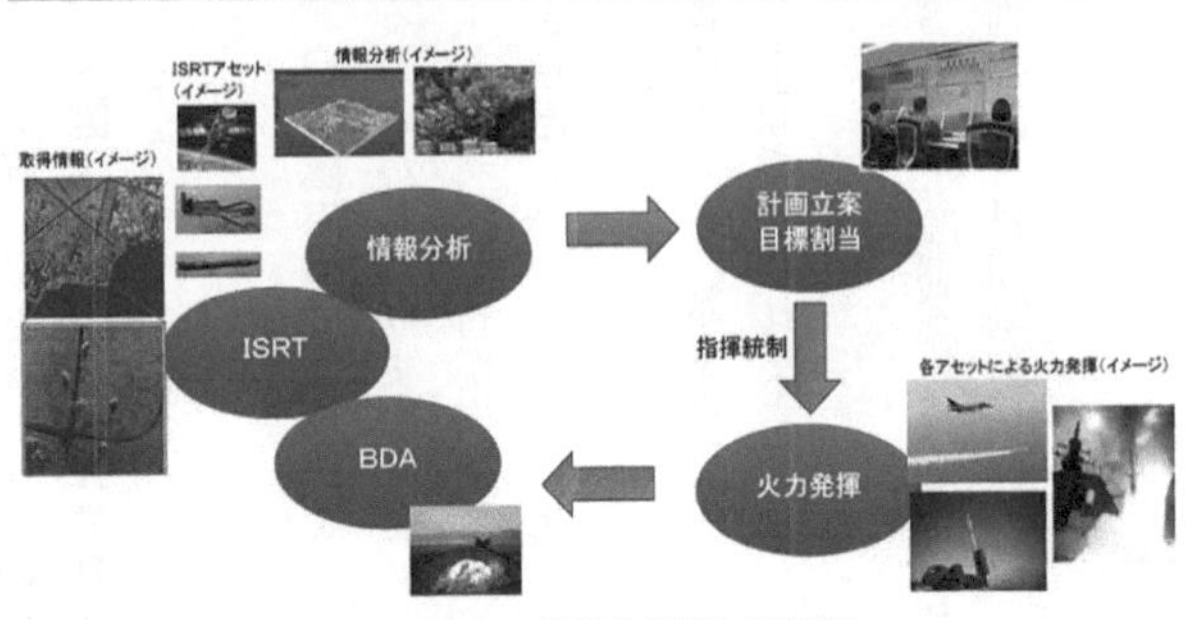

※ ISRT：Intelligence Surveillance Reconnaissance Targeting（情報収集、警戒監視、偵察、追尾等）
※ BDA：Battle Damage Assessment（攻撃の成果についての評価）

写真3-4　防衛省が作成した政府部内向けの説明文書「反撃能力について　2022年12月」の1ページ 情報公開請求で入手

⑤ＢＤＡ（攻撃の成果についての評価）

敵国領土内にあるミサイル基地などを攻撃するには、まずそれらの基地や施設に関する情報を収集し、分析する必要があります（①）。

そして、その情報に基づいて攻撃の計画を立てます。どこの基地を、いつ、どのミサイルを使って攻撃するのかを決めるのです（②）。

その計画に基づき部隊に命令が出され（③）、部隊はその命令に従ってミサイルを発射します（④）。

ミサイル発射後は、攻撃の成果についての評価を行い、事後の作戦について検討します（⑤）。成果が不十分ならば、

再度の攻撃が必要になります。

こうした一連の手順を「日米共同対処」で行うことを想定しているのです。文書は「特に目標情報の共有、反撃を行う目標の分担、成果についての評価の共有等について、日米で協力を行うことが考えられる」と記述しています。

そもそも、「専守防衛」を前提としてきた自衛隊には敵基地の情報を収集する能力はほとんどなく、米軍に頼らざるを得ません。その情報に基づく反撃計画の立案や目標の割当も、当然、米軍主導になります。

前述のとおり、米軍はこうした共同作戦を、戦域内の米軍と同盟国軍のすべてのセンサーとシューターをネットワークでつなぎ、統一した火器管制アーキテクチャや戦闘管理・交戦調整システムを用いて実行しようと考えています。

日本政府も「ネットワークを通じて各種センサー、シューターを一元的かつ最適に運用できる体制を確立し、統合防空ミサイル防衛能力を強化する」（国家防衛戦略）とうたっています。

この体制が確立されれば、自衛隊のＩＡＭＤネットワークは米軍のＩＡＭＤネットワークと連結され、自衛隊はシステマティックに米軍が主導する作戦に組み込まれることになるでしょう。

日本政府は2004年に弾道ミサイル防衛（BMD）の推進を決めた際にも、日本のBMDは米国のBMDとは別物で「我が国自身の主体的判断に基づいて運用する」と強調しました。

しかし、その後は、米国のBMDとの一体化の一途をたどります。

2005年10月に開かれた日米安全保障協議委員会（2プラス2）で、日米両政府はBMDにおける連携強化で合意しました。共同発表には次のように記されました。

弾道ミサイルの脅威に対応するための時間が限りなく短いことにかんがみ、双方は、不断の情報収集及び共有並びに高い即応性及び相互運用性の維持が決定的に重要であることを強調した。（中略）それぞれのBMD指揮・統制システムの間の緊密な連携は、実効的なミサイル防衛にとって決定的に重要となる。

情報収集などの連携だけでなく、「指揮・統制システムの間の緊密な連携」でも合意したのです。そして、日本のBMD作戦を指揮する航空自衛隊航空総隊司令部を米空軍横田基地に移設し、自衛隊と米軍が連携してBMD作戦を実行する「共同統合運用調整所」を同基地内に設置することが決められました。

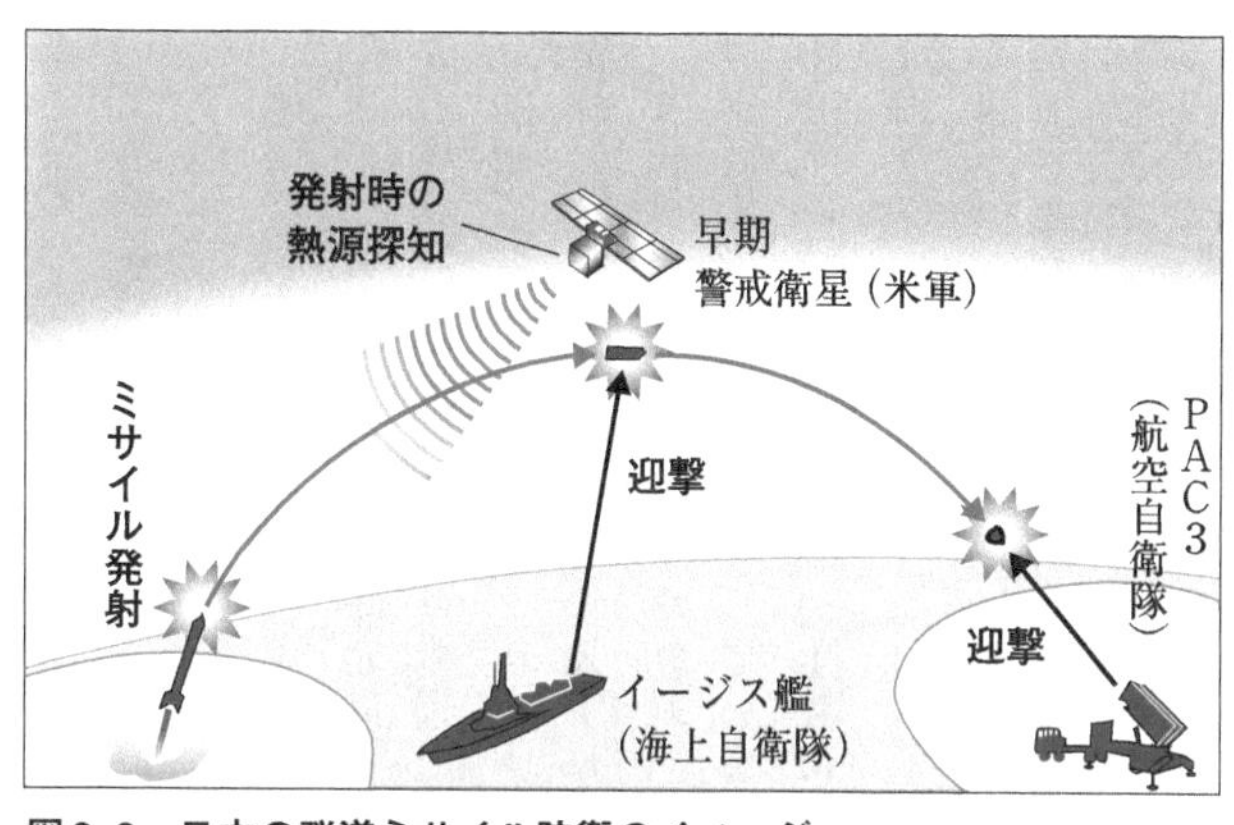

図3-2　日本の弾道ミサイル防衛のイメージ　筆者作成

共同統合運用調整所は2012年に、横田基地内の米第五空軍司令部がある庁舎の地下に設置されました。建前は「調整」ですが、この調整所を通じて日本のBMDは米国のBMDと指揮・統制システムも含めて事実上一体化したのです。

IAMDも、これと同じ道をたどることになるでしょう。

秘密裏に行われていた日米協議

米国は早い段階から、日本と協力してIAMDを推進していると公言していました。

米太平洋空軍司令部でIAMDを担当するケネス・ドーナーや太平洋IAMDセンターの所長を務めるウィリアム・ハートマンらが2015年に共同執筆したIAMDに関する論文は、「強固なIAMDアーキテクチャは、米国の重要な同盟国である日本の協力なしには実現することはできない。したがって、米太平洋空軍は、日本との野心的かつ記念碑的なＩＡＭＤの試みをリードし続けている」と記しています[※1]。

実際、防衛省はまだ「総合防空ミサイル防衛」と呼んでいた時代から、米軍とＩＡＭＤの運用に関する協議を秘密裏に行っていました。

その一つが、２０１８年に防衛省統合幕僚監部と米軍の間で行われた「ＩＡＭＤ－ＯＩＳ－ＷＧ」と名付けられた協議です。

防衛省はこのワーキンググループ（ＷＧ）の存在を公表しませんでしたが、私は同省への情報公開請求で関連文書を入手しました（**写真３－５**）。

文書は行政文書の中で機密レベルが最も高い「特定秘密」に指定され、タイトルの一部以外はすべてが黒塗りされていました。そのため協議の具体的な中身は不明ですが、２０１８年の時点で日米の間でＩＡＭＤに関する運用協議が秘密裏に行われていた事実が判明しました。

私がこの文書の存在を知ったのは、オンラインで日本政府が保有する行政文書の検索を行うことができるウェブサイト（「e-Gov」の行政文書ファイル管理簿）上でした。「ＩＡＭＤ」で検索をかけたところ、引っ掛かったのです。

行政文書ファイル管理簿にこのワーキンググループの情報を載せたのは、おそらく防衛

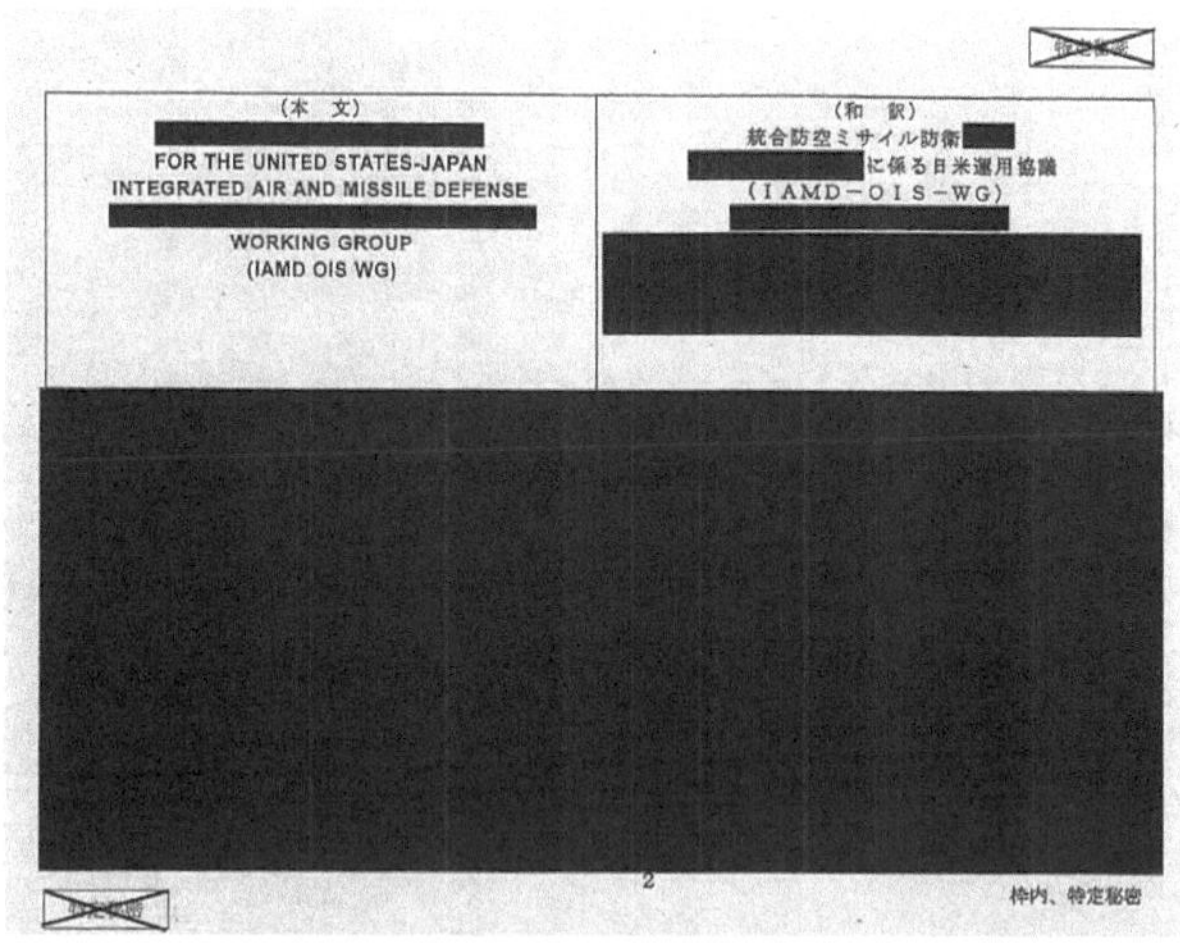

（本　文）

FOR THE UNITED STATES-JAPAN
INTEGRATED AIR AND MISSILE DEFENSE

WORKING GROUP
(IAMD OIS WG)

（和　訳）

統合防空ミサイル防衛

に係る日米運用協議

（IAMD－OIS－WG）

2

枠内、特定秘密

写真3-5　IAMDに関する日米運用協議の存在を示す防衛省の内部文書　情報公開請求で入手

省のミスだと思います。本来は、ワーキンググループの存在も秘密だったはずです。その後、ワーキンググループに関する記述は削除され、現在は同サイトで検索をかけても出てきません。

日米豪でIAMDの「実験」

米陸軍は2024年3月、ハワイの米軍太平洋IAMDセンターで実施された米国、日本、オーストラリアのIAMD専門家による「多国間IAMD実験（MIX）24」のニュース記事を公式ウェブサイトに掲載しました。

※1　https://www.airuniversity.af.edu/Portals/10/ASPJ/journals/Volume-29_Issue-1/V-Dorner_Hartman_Teague.pdf

記事によると、[※2]この実験には3ヵ国から50人以上が参加し、「西太平洋全域で中国の航空・ミサイル攻撃から防衛し、撃破するための10年間の将来構想を実験した」といいます。

具体的には、西太平洋を「北部」「中部」「南部」のエリアに分け、三つの連合任務部隊（CTF）を編制。いずれのCTFにも3ヵ国の部隊が組み込まれ、北部では自衛隊、中部では米軍、南部では豪軍が作戦を主導しました。

実験の中心的なコンセプトの一つは、3ヵ国がそれぞれのセンサーで収集した情報を共有し、中国の航空機やミサイルによる脅威への対応をシームレスに調整できるようにする「オープン・ネットワーク・アーキテクチャ」の採用でした。

記事の中で、米陸軍第九十四防空ミサイル防衛司令官のコステロ准将は次のように述べています。

「センサーとシューターのネットワーク化されたシステムを通じて、共に彼ら（中国）の航空・ミサイル攻撃を防ぎ、撃破することは私たちの責任である。私たちは共に、情報とインテリジェンスの共有への障壁を減らさなくてはならない」

通常、各国の軍隊はクローズドのネットワーク・システムを独自に構築し、情報共有や指揮・統制を行っています。これを互いに連結し、多国間で情報共有も指揮・統制も一元的に行えるようなオープン・ネットワーク・アーキテクチャを構築しようとしているのです。

この「実験」の翌月に開かれた日米首脳会談で、日米豪３ヵ国で「ネットワーク化された防空面におけるアーキテクチャ」を構築していくビジョンが正式に発表されました。

すでに述べたように、米インド太平洋軍は最終的に「（ＡＩを活用した自動化も可能な）統合ＩＡＭＤ戦闘管理・交戦調整システム」（ＩＡＭＤビジョン２０２８）の構築を目指しています。

この巨大なシステムをトップで運用するのは、米インド太平洋軍の「地域防空司令官」（米太平洋空軍司令官）です。自衛隊や豪軍のＩＡＭＤ関連部隊は、事実上その指揮・統制下に組み込まれて動くことになるでしょう。

指揮権をめぐる日米同盟の歴史①――指揮権密約

実は、米国が日本に作戦指揮機能の統合を望むのは、今に始まったことではありません。古くは今から70年以上前の、日本がまだ米国を中心とする連合国の軍事占領下にあった時代までさかのぼります。

１９５０年秋、米国政府は連合国の占領終結後も米軍の日本駐留を認めることなどを条

※2 https://www.army.mil/article/274734/multilateral_integrated_air_missile_defense_experiment_2024

件に、日本と講和条約を締結する方針を決定します。そして、翌年の1月から日本政府との交渉を開始します。

この交渉で米国政府は、占領終結後の日米の安全保障協力について定める協定に、有事の際は警察予備隊（自衛隊の前身）など日本の部隊を米軍司令官の指揮下に置くという規定を入れるよう要求しました。

日本政府は、「憲法と関連して重大問題をまきおこす懸念がある」などとして明文化することには強く反対しました。しかし、明文化しない代わりに、当時の吉田茂首相が、有事の際に米軍司令官が日本の部隊を指揮することに同意すると密かに約束しました。

この事実は、獨協大学の古関彰一名誉教授が1981年に、米国で機密解除された公文書の中から発掘しました。

1952年4月28日、サンフランシスコ講和条約が発効し、日本は主権を回復します。同日、日米安全保障条約も発効し、占領軍であった米軍はそのまま日本への駐留を続けます。その3ヵ月後の7月下旬、吉田茂首相、岡崎勝男外相、マーク・クラーク米極東軍司令官、ロバート・マーフィー駐日米国大使の4人が会談します。

クラーク司令官が会談の内容を報告するために国防総省の統合参謀本部に宛てて送った公電に、次のように記されていました。

「私は7月23日夕刻、吉田（首相）、岡崎（外相）、マーフィー（駐日米国大使）と自宅で夕食を共にした後、会談を行った。私は、我が国の政府が有事の際の軍隊の投入に当たり、指揮の関係について日本政府との間で明解な了解が不可欠だと考えている理由を詳細に説明した。吉田は即座に、有事の際に単一の司令官は不可欠であり、現状の下では、その司令官は合衆国によって任命されるべきだということに同意した」

この公電には、吉田首相がこの合意を秘密にするよう求めたことも記されています。

「（吉田は）この合意は、日本国民に与える政治的衝撃を考慮して当分のあいだ秘密にされるべきであるとの考えを示し、マーフィーと私はその意見に同意した」

これが、いわゆる「指揮権密約」と呼ばれているものです。

指揮権をめぐる日米同盟の歴史②――ガイドライン制定

１９７８年に日米両政府が初めて「日米防衛協力のための指針」（通称「ガイドライン」）を

策定した時にも、指揮権の問題が浮上します。

同指針は、日米安保条約に基づく日米の防衛協力の具体的な内容（協力の在り方や役割分担など）の大枠を定める文書です。

指針の策定に向けた日米の交渉で、最後までなかなか合意に至らなかったのは指揮権の問題でした。

米側は、日本有事で米軍と自衛隊が共同作戦を行う場合、米軍の司令官が指揮を執ることを強く主張しました。それに対して日本側は、自衛隊が米軍の指揮下に入ると指針に明記することは憲法上できないと抵抗しました。

当時、自衛隊統合幕僚会議（現在の統合幕僚監部）の幕僚として交渉に加わった石津節正（さだまさ）は、共同作戦の指揮は米軍司令官が執るのが当然という姿勢で米側が一歩も引かず、交渉をまとめるのに苦労した事実を明らかにしています（防衛省防衛研究所『オーラル・ヒストリー冷戦期の防衛力整備と同盟政策3』）。

日米双方が受け入れられる「妥協案」がないか頭をひねった石津は、「指揮」と「統制」を区別するアイデアを思い付きます。

自衛隊でも、指揮系統にはない別の部隊をあらかじめ定められた手順に従って一時的にコントロールする場合、「統制」という言葉を用いていました。この区別を自衛隊と米軍が共同作戦を行う場合にも適用できないかと考えたのです。

そして、指針に次のように記述するよう米側に提案し、米側もこれを了承しました。

自衛隊及び米軍は、緊密な協力の下に、それぞれの指揮系統に従って行動する。自衛隊及び米軍は整合のとれた作戦を共同して効果的に実施することができるよう、必要な際に双方合意の下、いずれかが作戦上の事項を統制する権限を与えられる。

ところが、指針の最終案をまとめる段階になって、外務省から文言の修正を求められたといいます。

「丹波さん（丹波實・外務省安全保障課長）から私のところに直接電話がかかってきました。外務省も外務省の立場から法律的な検討をされていたんでしょう、『他のところはクリアー出来るんだけど、統制という言葉がどうしても引っかかる。外務省としてあなたの言うことは分かるけれども、この言葉は法律的に消化できない。法律的にはどう説明しようとも命令、指揮権にもとづくものとしてしか通らないんだ。別の言い回しはないだろうか。内容的には私も賛成なので、異論を差し挟むつもりはない。ただ、表現の問題だ。国会対策上も、これでは非常に難しいことになるから』という調整でした」
(同前)

結局、最終的に公表された指針では、「統制」という言葉は削られ、「あらかじめ調整された作戦運用上の手続に従って行動する」というぼかした文言に差し替えられました。しかし、実質的には、有事において米軍が自衛隊を統制することを認めたのです。

在日米軍司令部の強化

日本政府は、自衛隊の全部隊を一元的に指揮する「統合作戦司令部」を2025年3月までに設置すると決定しました。

これも、米国がかねてより日本に求めていたことです。

これまでは、統合幕僚長が陸海空3自衛隊を一元的に指揮していました。しかし、統合幕僚長には軍事専門家的見地から防衛大臣を補佐する任務もあります。

米国では、国防長官の補佐は統合参謀本部議長、部隊への作戦指揮は統合軍(七つの地域別統合軍と四つの機能別統合軍が置かれている)の各司令官と、任務を分離しています。

そのため、統合参謀本部議長のカウンターパートも、インド太平洋地域での米軍の作戦を指揮する米インド太平洋軍司令官のカウンターパートも、いずれも日本側では統合幕僚長が務めるという状況になっていました。

この状況は有事の際の米日のスムーズな連携の支障になるとして、米国は統合幕僚長から作戦指揮の任務を切り離すように求めていました。自衛隊統合作戦司令部の創設は、この米国の要求を受け入れた形です。

そして、自衛隊統合作戦司令部のカウンターパートとして、米軍も新たな「統合軍司令部」を日本に設置する方針を決めました。

この方針は、２０２４年７月下旬に東京で開かれた日米の外務・防衛担当閣僚による安全保障協議委員会（２プラス２）で発表されました。

現在、東京の米空軍横田基地に在日米軍司令部が置かれていますが、その権限は平時における在日米軍の管理や日米地位協定の運用などに限られ、有事の際に部隊を指揮・統制する権限は与えられていませんでした。作戦指揮権は、ハワイにある米インド太平洋軍司令部が持っていました。

新設される統合軍司令部には、在韓米軍司令官と同様に、有事の際の作戦指揮権が付与されます。これは、在日米軍司令部がこれまでの行政的な司令部から、「戦闘司令部」に生まれ変わることを意味します。

統合軍司令部新設の方針について、米国のオースティン国防長官は「在日米軍を統合軍司令部に格上げし、任務と作戦の責任を拡大する。これは、在日米軍の創設以来最も重要な変化であり、日本との軍事上の関係において過去70年で最も強力な進展の一つだ」（2プラス2後の記者会見で）とその意義を強調しました。

米国政府が日本に統合軍司令部を置くことを決めたのは、自衛隊との作戦指揮機能の実質的統合を進めるためです。

現在の「日米防衛協力のための指針」（ガイドライン）が結ばれた2015年には、平時から有事までシームレスな日米の防衛協力を実現するため、常設の日米共同運用調整所（BOCC）が設置されました（場所は非公表）。

同調整所は、自衛隊と米軍の戦略レベルの作戦調整を行うセンターで、自衛隊から統合幕僚監部と陸上・海上・航空幕僚監部の代表、米軍からインド太平洋軍司令部と在日米軍司令部の代表が詰めることになっています。

自衛隊の統合作戦司令部が発足し、そのカウンターパートになる米軍の統合軍司令部が日本に設置されれば、同調整所の機能も強化され、米軍と自衛隊の作戦指揮機能の統合がいっそう進むことになるでしょう。

表向きは米軍と自衛隊が各々の指揮系統を通じて動く体制のままでも、実質的にはNA

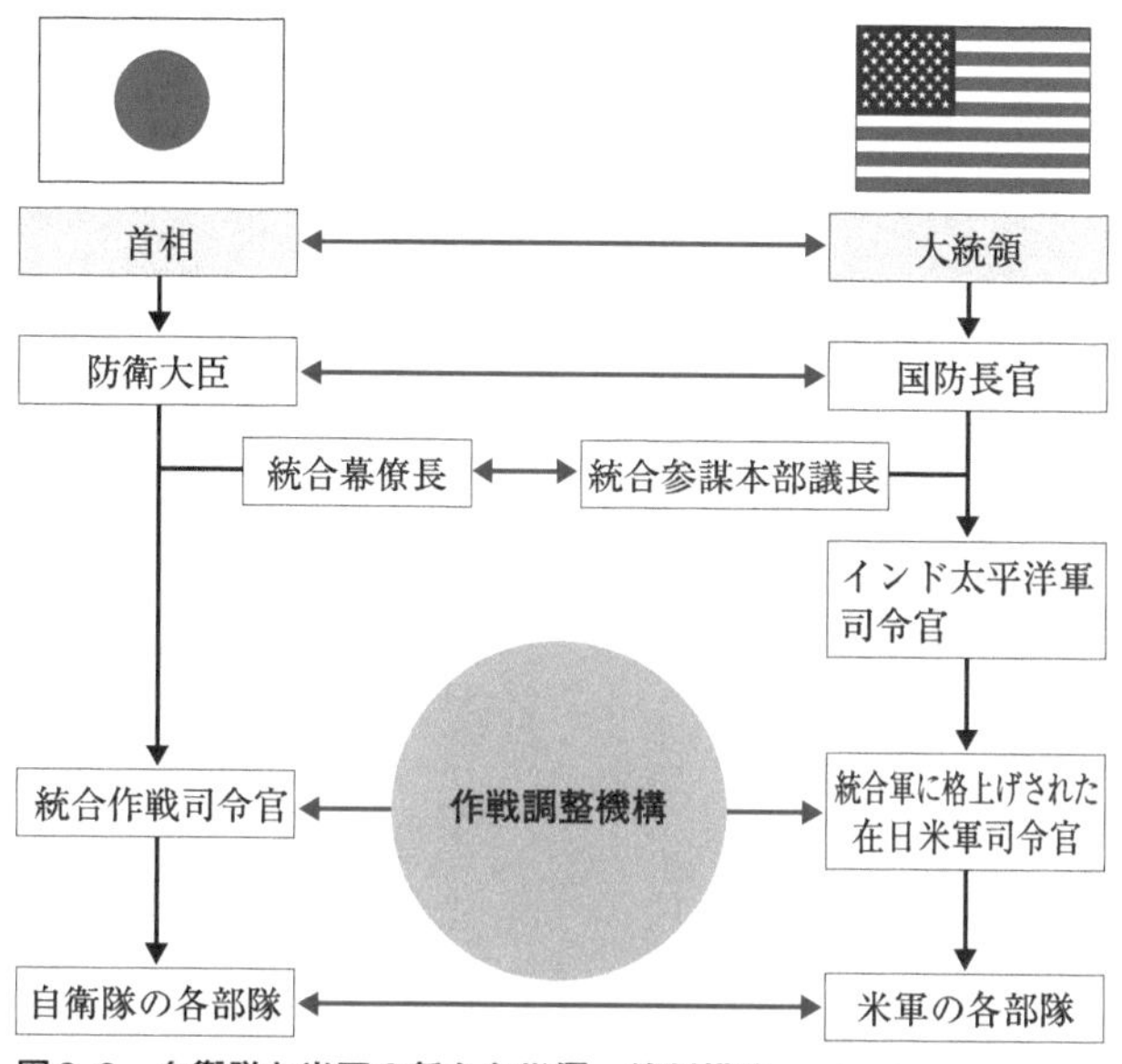

図3-3　自衛隊と米軍の新たな指揮・統制構造　筆者作成

TOや米韓同盟と同じように米軍司令官の作戦指揮の下で一体に運用する体制に限りなく近づけるのがねらいです。

自衛隊は「米軍の一部」に

図3-3は一見すると、日本と米国が横並びで調整し連携するように見えます。しかし、軍事力においては圧倒的に非対称な関係であることを認識する必要があります。

1970年代後半に自衛隊制服組トップの統合幕僚会議議長を務めた栗栖(くりす)弘臣は、自衛隊と米軍の関係について次のような発言を残しています。

「日本の現在置かれているポジションと自衛力形成の過程を見ますと、陸上自衛隊は米陸軍、海上自衛隊は米海軍、航空自衛隊は米空軍が、それぞれ自分の手足として使う目的で育ててきた」

（月刊『Ｖｏｉｃｅ』１９８５年10月号）

すでに述べたように、米国は日本に警察予備隊しかなかった段階で、有事の際は米軍が指揮権を握ることを要求していたわけですから、栗栖の指摘はけっして大げさなものではありません。

「手足」はちょっと言葉が悪いですが、米国は自衛隊に米軍の戦力を補完する役割を求めてきたということです。

そもそも、戦後米国が日本を再武装させたのも、自らの戦争に日本の戦力を活用するためでした。

日本の再武装の第一歩は、１９５０年の警察予備隊の創設です。当時はまだ連合国軍の占領下でしたから、警察予備隊もマッカーサー連合国軍総司令官の命令によって創設されました。

警察予備隊発足直後の1950年8月22日に、米軍トップのブラッドレー統合参謀本部議長からジョンソン国防長官に送られた「トップ・シークレット」の覚書には、次のように記されています。

（日本の）軍事的空白というのは異常で、ごく短期間のものである。アメリカは（中略）中立、非武装の日本に存在している真空状態を同時に埋めることをいつまでも続ける立場にはない。反対に、世界戦争（グローバル・ウォー）が起きた時に、アメリカが日本の戦力を活用できることが、アメリカの戦略にとって極めて重要であり、そして、恐らくは世界戦争で最終的にうまくいく結果をもたらすことになろう。（中略）上に述べたこととの関係で、統合参謀本部は次のように考える。

A　日本は効果的な自衛力をもつために、実質的に適切な再武装をさせる必要がある。

B　アメリカが日本についてとる措置は、すべて再武装した友好国・日本むけの暫定的措置であるべきである。

C　世界戦争に際しては、日本の戦力がアメリカにとって利用できるものであるべきである。

（末浪靖司『機密解禁文書にみる日米同盟――アメリカ国立公文書館からの報告』高文研、２０１５年）

米国は、日本の防衛を日本自身に担わせるとともに、将来的には自らの戦争で日本の戦力を手足のように活用するビジョンを描いて、日本に警察予備隊の創設を命じたのです。

こうした米国のビジョンの下、早くから米軍と一体化してきたのは、海上自衛隊です。創隊以来、米軍のニーズに応えて対潜水艦戦と対機雷戦に特化した能力を整備してきました。

米ソ冷戦時代の１９８０年代、海上自衛隊は対潜水艦戦の作戦範囲を日本の領海周辺から「グアム以西、フィリピン以北」まで拡大しました。そのために、米ロッキード社（現・ロッキード・マーティン社）が開発した最新式の対潜哨戒機Ｐ３Ｃを約１００機購入しました。

日本政府は国民向けには有事の際にエネルギー資源や食料などを輸入する海上交通路（シーレーン）の防衛が目的だと説明しましたが、当時の米国が日本に要求していたのは西太平洋を航行する米軍艦船をソ連軍潜水艦の脅威から守ることでした。

米国はこれに加えて、北海道とサハリンの間の宗谷海峡、北海道と本州の間の津軽海峡、九州と朝鮮半島の間の対馬海峡を機雷で封鎖し、ウラジオストクを拠点とするソ連太平洋

艦隊を日本海に封じ込める作戦も日本に要求しました。日本政府はこうした米国の要求に忠実に応えてきました。

海上幕僚監部が２００３年に発刊した『海上自衛隊50年史』も、「西側が必要とする諸機能のうち、対潜水艦・対機雷に特化された部隊を中心に整備し、陣営が期待した役割を効果的に果たしてきた」と記しています。

海上自衛隊の実戦部隊を統括する自衛艦隊の司令部は米海軍第七艦隊の本拠地となっている横須賀に置かれ、早くから米軍と緊密な調整の下で活動してきました。

２０１９年６月、南シナ海で米海軍第七艦隊と海上自衛隊の共同訓練が行われました。

第七艦隊からは横須賀を母港とする原子力空母「ロナルド・レーガン」が、海上自衛隊からはヘリコプター搭載護衛艦「いずも」などが参加しました。この二つは、第七艦隊と海上自衛隊を代表

写真3-6　2019年6月、南シナ海で共同訓練を行う米海軍の原子力空母「ロナルド・レーガン」（奥）と海上自衛隊のヘリコプター搭載護衛艦「いずも」（手前）

出典：米国防総省画像配信サイトDVIDS

する艦船です。

特に「いずも」は、日本政府が２０１８年に空母に改修する方針を決定したことから、注目を集めていた艦船でした。

南シナ海で共同訓練を行ったのは、同海域で威圧的な行動を強める中国を牽制するためだと思われます。

第七艦隊のウェブサイトに掲載された記事に、原子力空母「ロナルド・レーガン」で哨戒長を務める士官のコメントが紹介されていました。


「海上自衛隊と共に行動し続けることで、我々は結束した単一の部隊になります。彼らは我々の空母打撃群にとって、あらゆる状況に対処する能力を倍加させる不可欠なパーツです」

これが現場の米軍幹部の率直な感想だと思います。彼らにとって自衛隊は、巨大な米軍の「パーツ（部品）」になっているという認識なのです。

【コラム】在日米軍の概要

日本には米軍の4軍（陸軍、海軍、空軍、海兵隊）すべてが駐留しており、日本政府は米軍専用施設・区域として76ヵ所（本土45、沖縄31。2024年1月1日現在）を提供しています。自衛隊と共同使用している施設・区域も含めれば130ヵ所を超えます。

駐留の法的根拠は、日米安全保障条約です。同条約は第6条で「日本国の安全に寄与し、並びに極東における国際の平和及び安全の維持に寄与するため、アメリカ合衆国は、その陸軍、空軍及び海軍が日本国において施設及び区域を使用することを許される」と定めています。米軍は、日本の安全維持のためだけではなく、極東の平和と安全の維持のため、日本への駐留を許されているのです。

在日米軍の軍人・軍属数は約6万6000人（在日米軍ウェブサイト）で、米国を除く米軍駐留国の中で最多となっています。

在日米軍司令部は東京都の横田基地に置かれており、司令官は第五空軍司令官（中将）が兼任しています。在日米空軍（第五空軍）司令部は横田基地、在日米海軍司令部は神奈川県の横須賀基地、在日米陸軍司令部は神奈川県のキャンプ座間、在日米海兵隊（第三海兵遠征軍）司令部は沖縄県のキャンプ・コートニーに置かれています。

在日米軍には、日米地位協定とその関連とりきめに基づき、さまざまな特権が与えられて

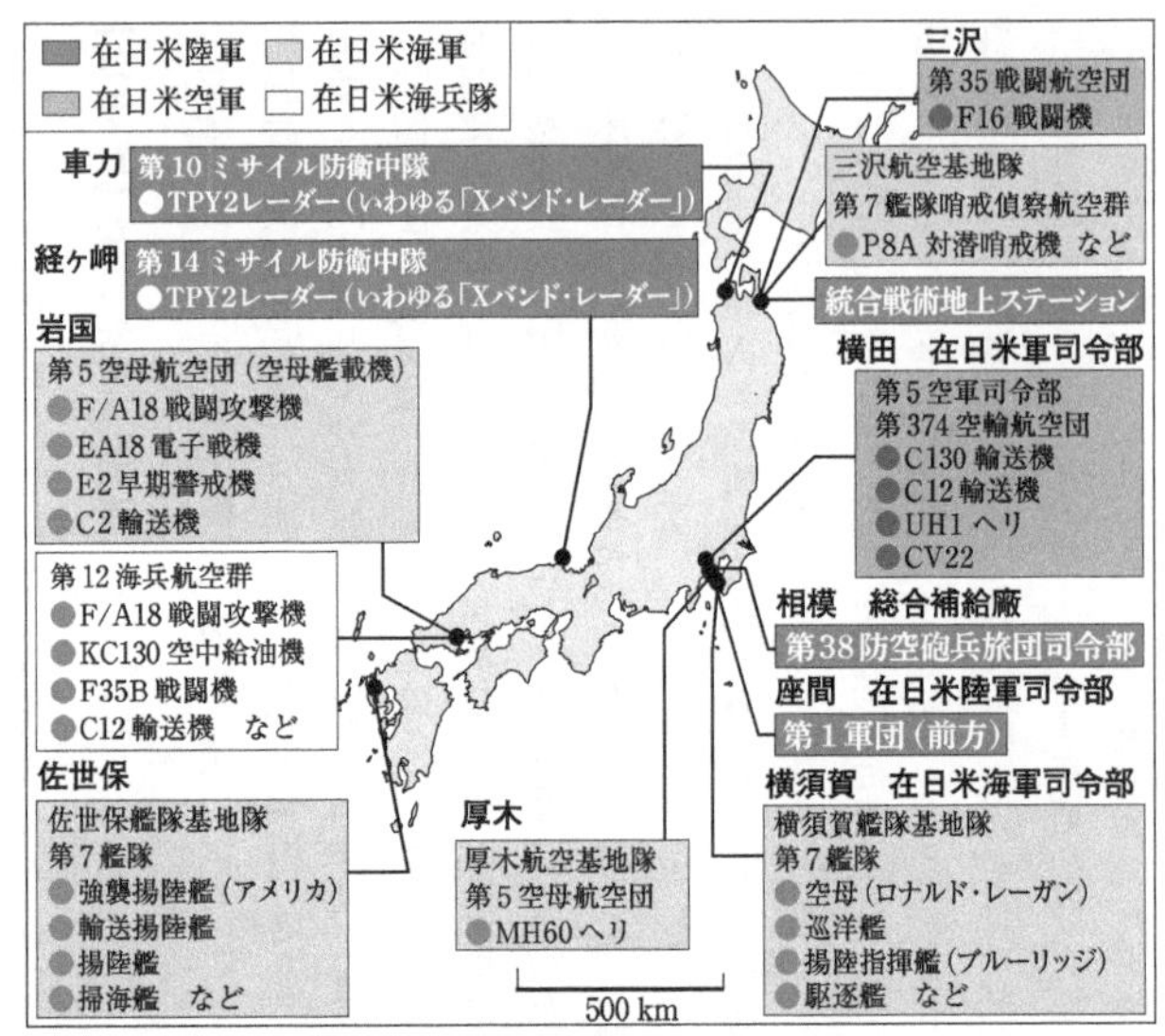

図3-4 本土の在日米軍主要部隊 『令和5年版防衛白書』を基に作成

います。

同協定第3条は、米軍基地内での独占的管理権を米軍に認めています。そのため米軍は自由に基地を使用し、基地内で何か問題（たとえば環境汚染）が発生しても、日本政府の権限は及びません。米軍の許可がなければ、日本の当局者は基地内に立ち入ることすらできません。

また、基地内だけでなく基地周辺でも、日本政府との協議の上で必要な措置を取る権利を認めています。横田基地への米軍機のアクセスを確保するという目的で、東京、埼玉、群馬、栃木、神奈川、福島、新潟、長野、山梨、静

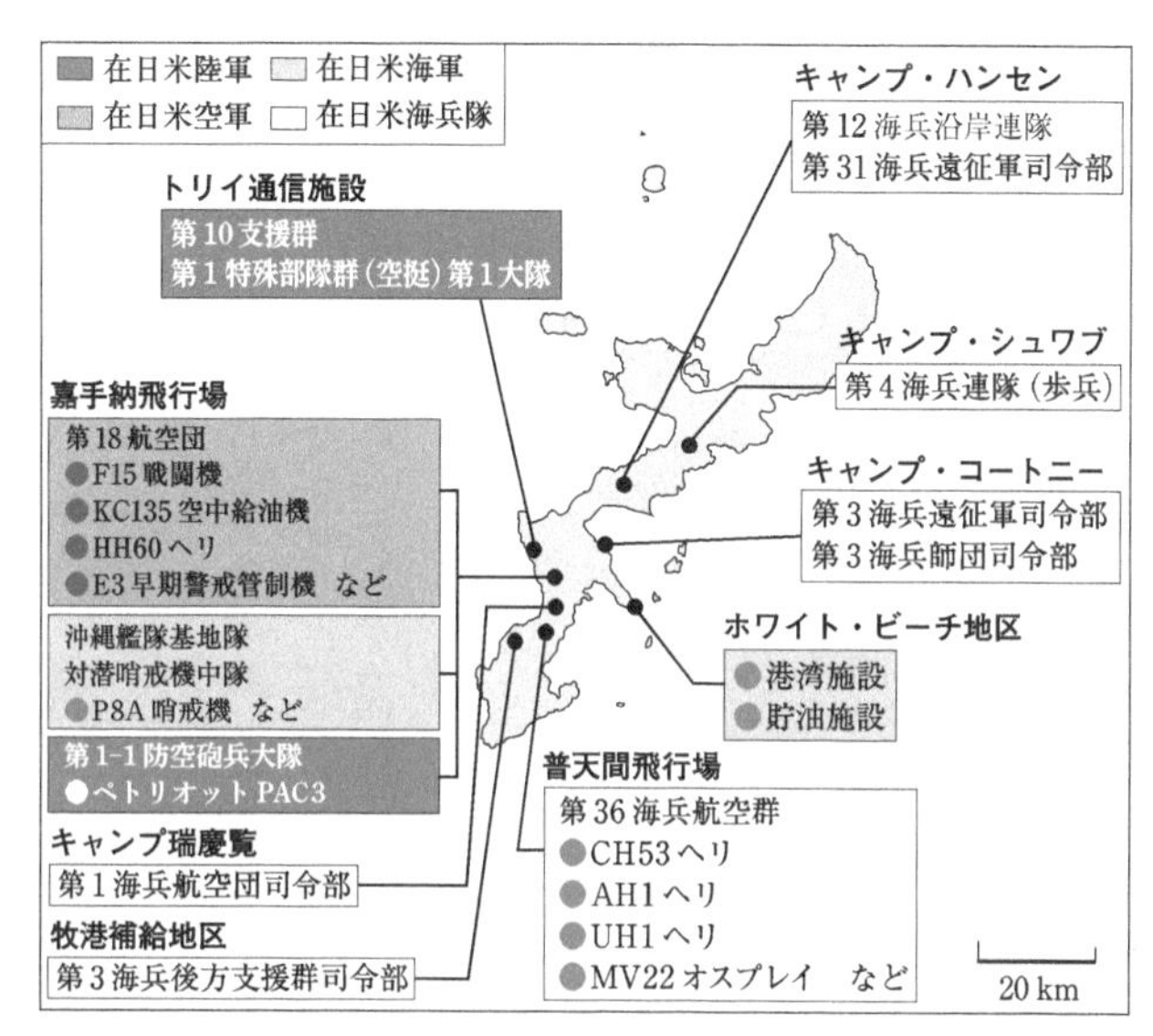

図3-5　沖縄の在日米軍主要部隊　『令和5年版防衛白書』を基に作成

岡の1都9県にまたがる広大なエリア（通称「横田空域」）の航空管制業務を米軍が行っているのは、これに基づいています。日本の航空機は米軍の許可がなければこの空域を飛行することはできず、事実上、米軍に占領された空域となっています。

日米地位協定には米軍の訓練を規制する規定がないことから、「戦闘即応体制を維持するために必要」と称して日本全国で低空飛行訓練などを実施しています。日米地位協定に基づく航空法特例法により、米軍機には日本の航空法が定める最低安全高度の適用が除外されています。

現在、キャンプ座間、横須賀基地、佐世保基地（長崎県）、横田基地、嘉手納（かでな）基地（沖縄県）、普天間基地（沖縄県）、ホワイト・ビーチ（沖縄県）は、朝鮮国連軍（朝鮮戦争の時に国連安保理決議に基づき結成された米国を中心とする多国籍軍）の基地としても使用が認められています。横田基地には、朝鮮国連軍後方司令部も置かれています。

朝鮮戦争の休戦協定が破られて再び戦争になった場合、在日米軍基地は朝鮮国連軍の兵站（へいたん）基地としても使用されることになっています。

第４章　日本に核が配備される可能性

トゥキディデスの罠

人類の歴史を振り返ってみると、大国間のパワーバランスが大きく変動した時に大きな戦争が起きてきました。

米ハーバード大学のグレアム・アリソン教授（政治学）を中心とする研究グループは、過去500年の歴史の中で台頭する新興国が覇権国の地位を脅かしたケースを調べ、そのうちどれくらいの割合で戦争に至ったのかを明らかにしました。

結果は、75％のケース（16件のうち12件）で戦争に至っていました。

同教授は、この現象を「トゥキディデスの罠」と名付けました（グレアム・アリソン著、藤原朝子訳『米中戦争前夜』ダイヤモンド社、2017年）。

トゥキディデスは古代ギリシャの歴史家で、二大ポリス（都市国家）であったアテナイとスパルタ、その両陣営の間で勃発したペロポネソス戦争（紀元前431〜紀元前404）の戦史を書き残した人物です。

トゥキディデスは、新興国アテナイの台頭が覇権国スパルタに与えた恐怖が戦争勃発の原因になったと分析しました。

アリソン教授は、これを引き合いに出して、覇権国の地位を脅かす新興国の台頭が戦争を引き起こすことを「トゥキディデスの罠」と名付けたのです。そして、中国の台頭が覇権国・米国に恐怖を与えている現在も、この罠にはまって大きな戦争に至る危険があると警鐘を鳴らしました。

米国が最も守ろうとしているもの

米国は1979年に中国と国交を正常化して以降、中国を敵視して封じ込める政策を転換し、積極的に関与して経済成長を後押しすることで米国が主導する「自由主義国際秩序」に取り込もうとする「関与政策」をとってきました。

中国は改革・開放政策の下、著しい経済成長を遂げましたが、米国が望むような「自由主義」の体制にはなりませんでした。その中国を、やがて米国は自らが主導する国際秩序を脅かす脅威と捉えるようになります。

オバマ政権（2009〜2017）は、中国への関与を続けつつ、脅威になった場合に備えて「軍事的ヘッジ（抑止）」も同時に進める政策をとりました。トランプ政権（2017〜2021）は、中国に対する長年の関与政策は失敗であったと結論付け、敵視・封じ込め政策に回帰します。

2021年に発足したバイデン政権も、国際秩序をめぐる中国との地政学的競争（覇権争い）を国家安全保障政策の最優先の課題に位置付けました。

２０２２年10月にバイデン政権が発表した「国家安全保障戦略」は、中国が「インド太平洋地域に強大な影響圏を築き、世界を主導する大国になる野望を抱いている」と分析。その上で、中国を「国際秩序を再形成する意図と、それを実現する経済力、外交力、軍事力、技術力を併せ持つ唯一の競争相手」と位置付け、あらゆる分野で中国に対する優位性を維持して覇権争いに勝利する決意を示しました。

国家安全保障戦略の序文は、同戦略が「米国の死活的な利益を増進し、地政学的競争相手に打ち勝つ」ためのものだと断言しています。

これに示されているように、米国が最も守ろうとしているのは、米国自身のグローバルな国益とその基盤となってきた覇権です。その覇権を台頭する中国に取って代わられることを米国は最も恐れているのです。

米国がインド太平洋地域で台湾防衛のための軍備強化を日本などの同盟国と共に進めているのも、米国が主導する「自由主義国際秩序」を維持する上で台湾防衛が象徴的な意味を持っているからです。

中国の侵攻から台湾を防衛できなかった場合、米国は国際秩序を主導してきた覇権的地位を失うと考えているのです。

2049年までに世界トップを目指す中国

2023年11月15日、米カリフォルニア州サンフランシスコ郊外でバイデン大統領と中国の習近平国家主席が会談しました。

習主席はバイデン大統領に「中国と米国が交流しないなどということは不可能であり、お互いを変えようとするのは非現実的であり、紛争と対立の結果には誰も耐えることができない。大国間の競争では中国と米国や世界が直面する問題を解決することはできない」と述べて、「相互尊重、平和共存、ウィンウィンの協力」を求めました（中国外交部ウェブサイト）。

そして、「中国には米国を追い越す計画や取って代わろうとする計画はない」と強調しました。

一方で、中国は「中華民族の偉大な復興」を掲げ、建国100周年の2049年までに「総合国力と国際的影響力共にトップレベルの社会主義現代化強国」を実現することを国家目標としています。

「中華民族」とは、人口の9割超を占める漢民族と中国政府が55あるとしている少数民族の総称です。

中国はかつてアジアの超大国として、周辺国と冊封体制を結ぶなど支配的な地位にありました。しかし、近代に入ると欧米列強や日本の侵略を受け、急速に国力を失っていきます。清国がイギリスの侵略を受けたアヘン戦争の開戦（１８４０年）から日本の侵略が終わったアジア太平洋戦争の終戦（１９４５年）までの期間を、中国は「百年国恥」と呼びます。「中華民族の偉大な復興」というスローガンには、百年国恥の時代の失地を回復しようという思いが込められています。

そして、欧米列強や日本の侵略を受けて国が没落していったのは力が弱かったからだ、と中国は考えています。そのため、「中華民族の偉大な復興」には経済力だけでなく強い軍事力も必要不可欠だとし、今世紀中頃までに中国人民解放軍を「世界一流の軍隊」にすると宣言しています。習は２０２１年７月１日の中国共産党創立１００周年祝賀大会での演説で、「強い国には強い軍がなければならず、軍が強くてはじめて国家は安泰となる」と強調しました。

中国は「どこまで発展しても、永遠に覇を唱えることはなく、永遠に拡張をすることはない」（習、２０２２年10月16日の中国共産党第20回党大会での報告）と繰り返し述べていますが、上記のような中国の「富国強兵」政策（中国は「国家富強・軍隊強化」と呼んでいる）が米国の懸念を生んでいるのは事実です。

「核抑止は米国の最優先課題」

前述のとおり、バイデン政権の国家安全保障戦略は、中国との覇権争いに勝つために経済力、外交力、軍事力、技術力などあらゆる分野で中国に対する優位性を確保し続けるとしています。

軍事力については、次のように記しています。

> 強力な米軍は、外交を支え、侵略に立ち向かい、紛争を抑止し、力を誇示し、米国民とその経済的利益を守ることによって、米国の重要な国益を増進し守るのに役立つ。
>
> 競争が激化する中、軍の役割は、競争相手の優位性を制限しつつ、戦争遂行上の優位性を維持・獲得することである。軍隊は、中国に対応するための抑止力を維持・強化するために緊急に行動する。（中略）すなわち、国土を防衛し、米国や同盟国・パートナーに対する攻撃や侵略を抑止する一方、外交や抑止が失敗した場合には、戦争に参戦し勝利する準備を整えることである。

米国政府が中国に対する軍事的優位性を維持する上で、ミサイルとともに最も重視している分野が「核兵器」です。

国家安全保障戦略は「核抑止は依然として米国の最優先課題」と強調し、核兵器と関連インフラの近代化を進めると明記しています。

中国の核軍拡と「2035年問題」

2030年代までに、米国は歴史上初めて二つの主要な核保有国を(同時に)抑止する必要が生じる。

国家安全保障戦略を読んだ時、この一文に目が留まりました。

これまで核兵器については、ロシアに対する抑止だけを考えていればよかったが、今後はロシアと中国の2ヵ国に対する抑止を考えなければならないという指摘です。

これまでも中国は核兵器を保有していましたが、最大の核保有国であるロシアに比べれば圧倒的に少ない数でした。

ストックホルム国際平和研究所(SIPRI)によると、2024年1月時点の中国の核

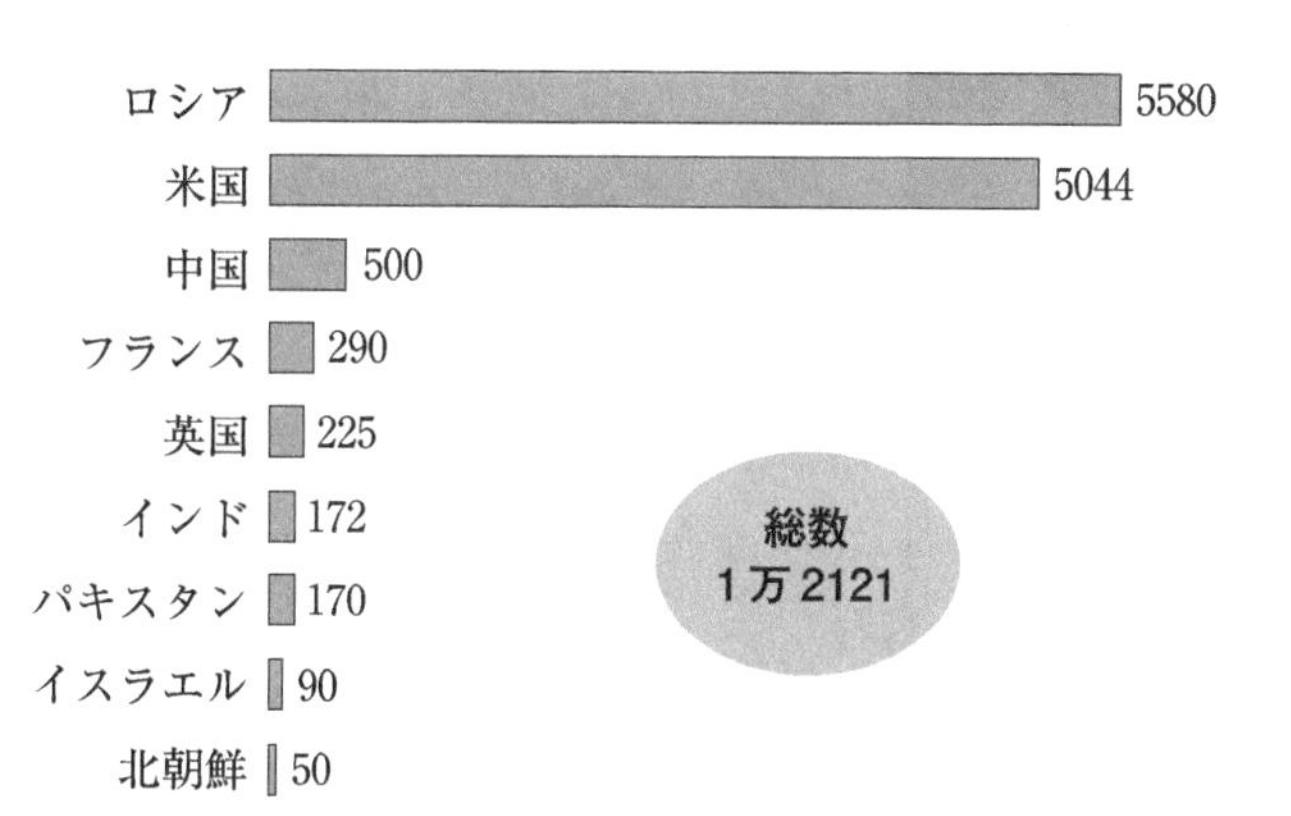

図4-1　各国の核弾頭保有数（2024年1月時点。退役済みで解体待ちを含む） SIPRIのデータを基に作成

兵器の保有数は500発と推定されています。一方、米国は5044発（うち1336発は退役・解体待ち）、ロシアは5580発（うち1200発は退役・解体待ち）です。

このような状況であれば、「大は小を兼ねる」の論理で、ロシアを抑止するための核戦力で中国も十分抑止できるという考えでした。

しかし、米国は中国の核兵器保有数が2030年には1000発以上に増えると予測しています（米国防総省「中国の軍事及び安全保障の進展に関する年次報告書〈2023年〉」）。さらに「この増強ペースは2035年まで続く」としており、その頃には米国とロシアが現在配備している核兵器数（1600〜1800）のレベルに近づきます。そうなれば前述の「大は小を兼ねる」の論理が成立しなくなる可能性があります。

中国は核兵器の保有数を公表していませんが、速いペースで核戦力の増強を図っている兆候があります。

2021年、中国が内陸部の新疆(しんきょう)ウイグル自治区や内モンゴル自治区などに新たに約300基のICBM（大陸間弾道ミサイル）用の地下サイロを建設している可能性が高いことが、米シンクタンクなどが行った商用衛星写真の分析によって明らかになりました。

中国は潜水艦発射型弾道ミサイル（SLBM）の強化も進めています。これまで主力だった「巨浪2（JL2）」は射程が8000キロ以下でしたが、これを大幅に延ばすJL3（推定射程1万2000キロ以上）の開発・配備を進めています。

米国が台湾の防衛にこだわるのは、仮に台湾が中国に統一された場合、中国の戦略原潜は台湾を基地として自由に太平洋に出ていけるようになるからという見方もあります。そうなった場合、南シナ海の海南島に基地が置かれている現在と比べて戦略原潜の発見が困難になり、米国本土に対する中国のSLBMの脅威が飛躍的に増大します。

中国はこれまで、いかなる国とも核兵器の軍拡競争を行わないこと、そして、保有する核兵器は他国からの先制核攻撃を抑止するために必要な最低水準にする方針を公言してきました。

中国が公式にこの方針を転換したという事実はありませんが、米国は、中国がロシアと同じように「力の均衡」に基づく戦略的安定を目指しているのではないかと見ています。

核軍拡競争の時代に逆戻りする危険

冷戦時代、米国とソ連は核兵器の軍拡競争を繰り広げました。

冷戦末期の１９８６年には、米国は約２万４０００発、ソ連は約４万５０００発もの核兵器を保有していました。

これは、互いに相手の国を丸ごと壊滅させるのに十分過ぎる数でした。米国もソ連も、相手から核兵器による大規模な先制攻撃を受けても、確実に反撃できる態勢をとっていました。どちらかが核兵器を使えば、双方とも確実に壊滅する関係が作り出されたのです。

こうなると双方とも核兵器は使用できなくなります。これを、「相互確証破壊に基づく戦略的安定」と呼びました。

しかし、この関係を維持するのに、こんなに多くの核兵器は必要ありません。冷戦末期、米国とソ連は軍備管理の交渉を行い、相手国に壊滅的な被害を与える戦略核兵器（➡【コラム】**核兵器の種類**）の配備数を双方とも６０００発に減らす「戦略兵器削減条約（ＳＴＡＲＴ）」を結びます。

ソ連は１９９１年に崩壊しますが、この条約はロシアに引き継がれ、現在は２０１０年に締結された新STARTに基づき、米国とロシアの戦略核兵器の配備数は1550発まで減っています。

中国が米国との間で「相互確証破壊に基づく戦略的安定」を達成するには、米国に近い戦略核兵器を持つ必要があります。中国は2035年までに、それを目指しているのではないかと米国は考えているのです。

米国政府は今のところ、中国の核軍拡に対応するために核兵器の配備数や保有数を増やす考えは示していません。オースティン国防長官も2022年12月、「核抑止は単なる数合わせのゲームではない。このような考え方は、危険な軍拡競争に拍車をかける可能性がある」と発言しました。

一方、米議会の諮問機関として設置された「米国の戦略態勢に関する諮問委員会」は2023年10月に最終報告書を発表し、「米国には迫りくる二つの核大国（ロシアと中国）の脅威に対処する包括的な戦略とそのような戦略が必要とする戦力構造が欠如している」と政府の対応を批判。「（米国の）核戦力の規模と構成は、ロシアと中国による複合侵略の可能性を考慮しなければならない」として、配備核弾頭数の増加など核戦力の強化を提言しました。

この提言どおり、米国も配備核弾頭数を増やすなどの対応をとれば、人類は再び危険な核軍拡競争の時代に逆戻りすることになります。

戦域核兵器の軍拡競争も

核軍拡競争が懸念されるのは、戦略核兵器だけではありません。むしろ、地域紛争での限定的な核使用を想定した戦域核兵器（⬇【コラム】核兵器の種類）の方がその危険性が高いと私は考えています。

戦略核兵器の保有数では米国が中国を圧倒していますが、戦域核兵器では核弾頭も装着できる地上発射型中距離ミサイルを２０００発以上保有しているとみられる中国が優位に立っています。

米国もかつては核弾頭を装着できる地上発射型中距離ミサイルを大量に保有していましたが、１９８７年にソ連とＩＮＦ全廃条約を締結してすべて廃棄しました。

また、水上艦や潜水艦に搭載していた核弾頭型トマホーク巡航ミサイルも、冷戦終結後にすべて撤去しました。

米国が現在保有・配備している戦域核兵器は、①欧州に配備している戦闘機で投下する核爆弾（B61）②戦略原子力潜水艦から発射する弾道ミサイルに装着する低出力の核弾頭（W76－2）③B52戦略爆撃機から発射する核巡航ミサイル（ＡＬＣＭ）――の３種類です。

米議会の超党派の諮問機関「米中経済・安全保障調査委員会」は2021年11月に公表した報告書で、中国が核兵器の限定的な先制使用という新たな戦略を採用する可能性があると指摘し、「この戦略は、例えば台湾有事において、米国の介入の抑止や第三国に対する脅迫といった政治的目標のための道具となり得る」と警鐘を鳴らしました。

2022年ウクライナに侵攻したロシアは、核兵器の先制使用をちらつかせてNATOが介入しないよう牽制しました。同じように、中国も台湾有事の際、米国が介入しないよう、また日本などが協力しないよう核兵器の先制使用をちらつかせて脅迫するのではないかと懸念しているのです。

こうした懸念を踏まえて、同報告書は米国政府に対して、「戦域レベルにおける中国の核戦力の質的・量的優位への対応」を勧告しました。

前出の「米国の戦略態勢に関する諮問委員会」が2023年10月に発表した最終報告書も、アジア太平洋地域に戦域核兵器を配備する必要があると提言しています。

今後、米国政府が中国に対抗して戦域核兵器をアジア太平洋地域で再び運用する可能性は、おおいにあるというのが私の見解です。

考えられるシナリオは三つです。

一つ目は、現在は欧州に配備している核爆弾投下任務を持つ戦闘機をアジア太平洋地域でも運用するシナリオです。

欧州ではこれまでF16戦闘機に核爆弾投下任務が与えられていましたが、今後はステルス性能を持つF35A戦闘機に置き換えられる予定です。

2024年7月、米軍は青森県の三沢基地に配備されているF16戦闘機36機をF35A戦闘機48機に置き換える計画を発表しました。将来的にはこれを、欧州に配備しているF35Aと同様、「核・非核両用機」（DCA：Dual Capable Aircraft）として運用する可能性があります。

二つ目は、潜水艦から発射する核弾頭型巡航ミサイル（SLCM－N）の再導入です。

このミサイルについては、トランプ政権時代の2018年、地域紛争における相手国の限定的な核使用への抑止力の強化を目的に再導入する方針が決定されていました。しかし、バイデン政権は2022年、前出のW76－2で抑止力は確保されているとして、導入の中止を決定しました。これを復活させるシナリオです。

三つ目は、これからアジア太平洋地域に配備する計画の地上発射型中距離ミサイルを、中国と同じように通常弾頭と核弾頭の両用に変更することです。

これは核弾頭の管理・運用という点でも、核戦争へのエスカレーションの危険性という点でも、かなりリスクが高い選択なので可能性としては低いとは思いますが、絶対にないとは言い切れません。

写真4-1　1980年代欧州に配備された中距離核ミサイル「パーシングII」　出典：米陸軍ウェブサイト

実際、米国は1980年代、ソ連の地上発射型中距離核ミサイル「SS20」に対抗して、「パーシングII」という地上発射型中距離核ミサイルを欧州に配備した経験を持っています。

このように米国が戦域核兵器の増強に踏み出せば、中国もこれに対抗してさらに戦域核兵器を増強するでしょう。さらに、ロシアや北朝鮮も対抗措置をとるでしょう。

東アジアでは今後、米中を軸として周辺国も巻き込み、ミサイルと核兵器の軍拡競争が過熱化する事態が予測されます。

「日本は核武装するだろう」

1970年代に米国の国務長官を務めたヘンリー・キッシンジャーは、「日本はいずれ核武装するだろう」と予測しました。
2023年5月、米紙ウォール・ストリート・ジャーナルのインタビューに応じたキッシンジャーは、こう述べています。

「中国は世界の支配ではなく（自国の）安全保障を追求しているが、アジアでは支配勢力になることを望んでおり、（中略）日本はこれに対抗して大量破壊兵器を独自に開発するだろう」

（同紙、2023年5月27日付）

言うまでもなく、日本は世界で唯一、戦争で核攻撃を受けた経験を持つ国です。国民の多数が「核兵器のない世界」を希求しており、核武装を望む国民はごく少数です。
日本世論調査会が2023年7月に実施した全国世論調査では、80％の人が核兵器を「持たず」「つくらず」「持ち込ませず」の非核三原則を日本は「堅持するべきだ」と回答しました。
こうした世論状況の下で、日本政府が核武装のオプションを選択する可能性は現実的には極めて低いと思います。そもそも日本は核兵器不拡散条約（NPT）の締約国であり、核兵器の製造・取得は禁止されています。NPTを無視して核武装に踏み出せば、北朝鮮の

写真4-2　ヘンリー・キッシンジャー
出典：ロイター／共同

ように世界から孤立し、経済制裁の対象になります。日本にとってはデメリットの方がはるかに大きい選択です。核兵器の不拡散を重視する米国も、日本の核武装は絶対に認めないでしょう。米国との同盟関係も危うくする選択を日本政府が行うとは考えにくいと思います。

岸田内閣が2022年12月に閣議決定した国家安全保障戦略は、次のように記しています。

我が国の防衛力を抜本的に強化しつつ、米国との安全保障面における協力を深化すること等により、核を含むあらゆる能力によって裏打ちされた米国による拡大抑止の提供を含む日米同盟の抑止力と対処力を一層強化する。

自ら核武装するのではなく、米国との安全保障協力を深化させることで、米国の「核の傘」による抑止力を強化していくのが現在の日本政府の方針です。

しかし、米国の安全保障の専門家の中には、キッシンジャーのように、米国が提供する「核の傘」への信頼が失われた場合、日本は核武装を目指す可能性があると考える人たちが存在するのも事実です。

外務省内で核武装のオプションを検討

実際、日本政府の中で核武装のオプションが検討されたこともあります。きっかけとなったのは、1964年の中国による核実験の成功でした。ソ連に続き中国も核兵器保有国になったことで、日本政府の中で危機感が高まりました。しかも当時は、日本に「核の傘」を提供すると米国政府は明言していませんでした。

中国が核実験に成功した直後、佐藤栄作首相は会談したエドウィン・ライシャワー駐日米国大使（在任1961～66）に、「もし相手が核を持っているのなら、自分も持つのは常識だ」と語り、日本の核武装をちらつかせました。

これに警戒感を抱いた米国政府は数ヵ月後に行われた日米首脳会談の際、日本に「核の傘」を提供すると約束しました。

米国で機密解除された外交記録によると、ジョンソン大統領が「核の傘」の提供を明言すると、佐藤首相は「それが問いたかったのだ」と返したといいます。佐藤首相は、核武装のオプションをちらつかせることで、米国から「核の傘」提供の確約を引き出そうとした意図がうかがえます。

1968年の国連総会でNPTが採択され、日本の参加の可否が問題になった際には、外務省内で核武装のオプションが議論になりました。

議論は、外務省の幹部たちが外交の重要課題について話し合う「外交政策企画委員会」で行われました。同委員会が1969年9月にまとめた「わが国の外交政策大綱」という文書（「極秘」指定。2010年に外務省が秘密指定解除して公開）には、次のように記されています。

> 核兵器については、NPTに参加すると否とにかかわらず、当面核兵器は保有しない政策をとるが、核兵器製造の経済的・技術的ポテンシャルは常に保持するとともにこれに対する掣肘(せいちゅう)をうけないよう配慮する。

当面は日本独自で核兵器を保有するオプションはとらないが、核兵器を製造できる能力は保持し続けるというのが、外務省の幹部たちが下した結論だったのです。

「核兵器を製造できる能力」とは、原子力発電によって核兵器の製造に必要なプルトニウムを手にすることを意味します。
「原発大国」である日本は現在、44・5トン近いプルトニウムを保有しています。国際原子力機関（IAEA）は、1個の核兵器が製造される可能性を排除できないプルトニウムの量を8キログラムとしています。これで計算すると、日本は5500発以上の核兵器を製造できる能力を潜在的には保有していることになります。

NATOの「二重鍵」方式の日本への導入を提言

ブッシュ（子）政権でアジア太平洋安全保障担当の国防副次官を務めたリチャード・ローレスも、日本の核武装の可能性を主張する米国の安全保障専門家の一人です。同氏は2020年、次のように指摘しました。

「もしこの二つの隣国（北朝鮮と中国）の脅威に対する米国の抑止力が弱体化していくことを日本が少しでも認識することになれば、今後数年以内に日本が核の専門知識を生かし、必要な行動に出るという決断に舵を切る可能性は大いにあり得る」

（「Wedge Online」2020年11月27日）

ローレスは、日本に核武装の道を歩ませないためには米国の「核の傘」の信頼性を高める必要があるとし、その具体策として「日本本土への中距離核戦力（ＩＮＦ）システムの導入」を提案しています。

米国政府は日本に地上発射型中距離ミサイルを配備し、通常弾頭だけでなく核弾頭も装着できるようにするべきだと主張しているのです。

さらに、その運用はＮＡＴＯの「二重鍵」方式にならい、日本と共同で行うべきだと提案しています。

「これらの次世代ＩＮＦシステムは、何十年にもわたり北大西洋条約機構（ＮＡＴＯ）に貢献してきた『二重鍵』方式（dual-key arrangement）に類似したものになることが理想である。これには指揮命令構造の統合に加え、日米両国がその発動権限を持つことが必要不可欠となる。これらのシステムでは、共同計画に基づいて戦術目標・戦略目標が定められ、共同配備の質を担保するため十分な演習や訓練が行われるだろう」（同前）

ＮＡＴＯでは、米国の核兵器を他のＮＡＴＯ加盟国の軍隊が使用できる「核共有」と呼ばれる制度が存在しています。

具体的には、米国が欧州に貯蔵するB61核爆弾を他のNATO加盟国の戦闘機が投下します。現在、ドイツ、イタリア、オランダ、ベルギー、トルコの5ヵ国の基地に、米軍のB61核爆弾が計約100発貯蔵されていると推定されています。

「核共有」といっても、核兵器の所有権はあくまで米国にあり、米国大統領の承認がなければ使用することはできません。

同時に、この制度の下で核兵器を使用するには、米国大統領だけでなくNATOの「核計画グループ」での承認が必要です。

「核計画グループ」とは、NATOの核に関する協議体で、不参加の方針をとっているフランスを除くすべてのNATO加盟国の閣僚級(主に国防大臣)で構成されています。ここで承認されない限り、「核共有」用の核兵器を使用することはできません。

また、実際に投下するのは核兵器が貯蔵されているホスト国の戦闘機なので、最終的にホスト国の政府が拒否すれば使用されることはありません。

これが、NATOの「二重鍵」方式と呼ばれるものです。

この制度は、冷戦時代にソ連の核の脅威にさらされていた西欧で、米国の「核の傘」の信頼性を高めるために設けられたものでした。西欧の非核保有国が米国と核兵器使用の責任を分かち合うのと引き換えに、米国の核兵器の運用に関与できるようにしたのです。

ローレスは、日本でも米国の「核の傘」の信頼性を高めるため、核弾頭も搭載可能な米国の地上配備型中距離ミサイルを配備し、NATOの「核共有」と類似した制度を導入してその運用に日本政府を関与できるようにするよう提言したのです。

ローレスはさらに、核・非核両用の中距離ミサイルを搭載した潜水艦を日米で共同運用する方式も提案しています。「この方式を導入すれば、INFシステムの運用が海域で可能となる一方、その拠点を日本と米国の領土（グアム）に置くことができるため、陸上のみで運用するよりも抗堪性・信頼性を高めることが可能となる」（同前）とその利点を強調しています。

「核共有」を検討すべきと主張する人々

ローレスの提言どおり、日米間でNATOの「核共有」と同様の制度が導入されれば、米国の核弾頭を搭載した中距離ミサイルを自衛隊が発射することになるかもしれません。

いくら日米の軍事的一体化が進んでいるとはいえ、さすがに「唯一の戦争被爆国」である日本がそこまですることはないだろう――ほとんどの人はこう考えると思います。しかし、この日本には現実に「核共有」制度の導入を検討すべきと主張する政治家や元自衛隊最高幹部などが存在しています。

ロシアがウクライナに侵攻した直後の2022年2月下旬、テレビ番組に出演した安倍晋三元首相がNATOの核共有制度に触れて、「日本はNPT（核兵器不拡散条約）の締約国で非核三原則があるが、世界の安全がどう守られているかという現実についての議論をタブー視してはならない」と発言しました。

これを受けて「日本維新の会」は、「核共有による防衛力強化」の議論を開始するよう求める提言書を発表し、政府に提出しました。同党は、同年7月に行われた参議院選挙の公約にも、核共有も含めた核抑止力に関する議論を日米間で開始すると明記しました。

陸上自衛隊の「南西の壁」構想（第1章参照）にかかわった番匠（ばんしょう）幸一郎・元陸上自衛隊西部方面総監は、第3章で述べたような地上発射型中距離ミサイルの日米共同運用を進める先に核共有も見えてくる、と主張しています。

「重要なのは、このような長射程の打撃能力をどのようにして持つのかということです。私は日本単独でやるより、日米共同で進めるのが良いのではないかと思います。ミサイルそのものを保有するだけで完結するものではなく、情報収集などインテリジェンスやターゲティングをどうするか、それを支えるシステムも非常に高度で複雑になってきていますから、まさに日米同盟の真価を発揮すべき分野だと思います。（中略）私はコンベンショナルなもの（通常兵器）からスタートして、日米の協力が深化する象徴として、その先に核シェアリングの話も出てくるのだろうという気はしています」

「私は、一つのアイデアとして、ドイツ型のニュークリアシェアリングを真剣に検討し、日本の核戦略を考え、それに基づく抑止態勢を構築することの価値は大いにあると思います」

（『核兵器について、本音で話そう』新潮新書、2022年）

番匠は2023年12月、防衛大臣の政策参与に任命されました。

核攻撃の共同作戦計画

今のところ米国では、日本への「核共有」制度導入を支持する意見は少数です。

しかし、米国の「核の傘」への信頼性を高めるために、戦域核兵器をアジアに前方配備・展開し、その運用に関して日本政府が関与できる余地を増やすべきと主張する人は少なくありません。

米国の核戦略について研究するローレンス・リバモア国立研究所グローバルセキュリテ

イリサーチセンターが２０２３年3月に発表した米国の核抑止戦略に関する報告書も、アジアに米国の戦域核兵器を前方配備する必要性を強調するとともに、日本や韓国との間で「よりＮＡＴＯ的な協議メカニズムを発展させる」ことを推奨しています。前出のＮＡＴＯの「核計画グループ」のような閣僚級の協議体を日本や韓国との間でも創設すべきだというのです。

さらに、同報告書は「同盟国内に核計画担当部署を設置し、共同作戦（同盟国は通常戦力で米国の核攻撃作戦を支援）を実施できるような計画を作成すべきだという意見もあった」とも記しています。

この報告書を作成したローレンス・リバモア国立研究所グローバルセキュリティリサーチセンターのスタディグループには、日本からも防衛省防衛研究所で防衛政策研究室長を務めていた高橋杉雄（２０２４年現在は、防衛省戦略企画参事官）が加わっています。

高橋は２０２３年4月に笹川平和財団が主催した企画で、ローレンス・リバモア国立研究所グローバルセキュリティリサーチセンターのブラッド・ロバーツ所長と対談し、その中で「（米国の「核の傘」について）同盟国に信頼させるよい方法は、核の共同計画を作ることだ」と断言しています。[※1]

※1 https://www.spf.org/jpus-insights/ideas-and-analyses/20230421_01.html

日米両政府は２０１０年から「核の傘」の維持・強化のあり方を事務レベルで議論する「日米拡大抑止協議（ＥＤＤ）」を開いてきましたが、２０２４年7月、日米の閣僚も参加する協議が初めて開かれました。今後はＮＡＴＯのように核兵器を使用する場合の共同計画の策定へと進む可能性もあります。

核攻撃作戦に自衛隊が参加？

２０２０年2月初旬、米空軍の公式ウェブサイトにインパクトの大きい１枚の写真がアップされました。

米空軍のＢ52戦略爆撃機を先頭に、米空軍のＦ16戦闘機6機と航空自衛隊のＦ２戦闘機4機が編隊を組んで飛行しています。場所は、日本の北部の沖合だといいます。ノースダコタ州マイノット空軍基地から飛来したＢ52は、核兵器を運用する「グローバル・ストライク軍団」の戦略爆撃機部隊の所属機です。

２００7年には、同基地所属のＢ52が誤って核弾頭搭載の巡航ミサイル6発を両翼に付けたまま米本土上空を飛行していたことが発覚し、大きな問題になりました。

核攻撃任務を持つ米軍の戦略爆撃機が日本の沖合に飛来し、それを在日米空軍と航空自衛隊の戦闘機が護衛するという訓練を行っていたのです。

２０２３年7月12日、北朝鮮がＩＣＢＭ（大陸間弾道ミサイル）と推定されるミサイルの発射試験を行いました。翌日、米空軍と航空自衛隊は「日米共同統合爆撃機訓練」を実施したと発表しました。

写真4-3　核兵器搭載可能な米空軍の戦略爆撃機B52を護衛する日米の戦闘機部隊
出典：米国防総省画像配信サイトDVIDS

訓練には米空軍のＢ52と航空自衛隊のＦ２などが参加し、「あらゆる事態に対処する日米の強い意思と自衛隊と米軍の即応態勢を確認した」（防衛省統合幕僚監部）といいます。

つまり、米本土への核攻撃を可能とするＩＣＢＭの開発を進める北朝鮮に対し、日米が一体となって「我々も、いつでも核攻撃できる」というメッセージを発したわけです。

これらの訓練は、今や自衛隊と米軍の一体化が核の分野にも及んでいることを示しています。

２０２２年10月に米国防総省が発表した「核態勢の見直し（ＮＰＲ）」は、インド太平洋地域における核抑止力強化の一つとして、「核抑止の任務を支援できる同盟国やパートナーの非核能力の活用」を挙げています。その実践はすでに始まっています。

台湾有事が核戦争にエスカレートする危険

２０２１年春、アメリカで出版された一冊の小説が安全保障関係者のあいだで話題になりました。

邦訳本のタイトルは『２０３４　米中戦争』（二見書房、２０２１年）。ＮＡＴＯ欧州連合軍最高司令官などを歴任したジェイムズ・スタヴリディス退役海軍大将が、元海兵隊員の作家エリオット・アッカーマンと共に執筆した小説です。

２０３４年のある日、南シナ海で米海軍と中国海軍の艦船による衝突が発生し、米駆逐艦2隻が中国の空母機動部隊によって撃沈されます。中国は同時に台湾への侵攻を開始。中国軍のサイバー攻撃を受けて指揮・統制機能が麻痺した米軍は、劣勢を強いられます。

中国は米本土のインフラにもサイバー攻撃を仕掛け、大規模停電やインターネットの遮断が発生するなどアメリカは大混乱に陥ります。通常戦力では形勢逆転が困難と判断した米大統領は、ついに中国本土への戦術（戦域）核兵器による核攻撃を命令。南シナ海から始まった米中の衝突は、破滅的な核戦争へとエスカレートしていきます。

「警告の物語」としてこの本を書いたというスタヴリディスは、共同通信のインタビューで「米中の戦争がいかに背筋の凍るものになるか想像し、回避策を考えるべきだ」と訴えています（沖縄タイムス、2021年7月6日）。

小説はあくまでフィクションですが、台湾などをめぐって米中間で戦争が発生した場合、それが核戦争にエスカレートしていくというのは、けっして空想的なシナリオではありません。それを示しているのが、1958年に起きた「第二次台湾海峡危機」です。

1958年8月23日夕刻、中国は金門島、馬祖島に対する武力攻撃を開始します。両島は中国福建省の沿岸部に位置する離島で、台湾の実効支配下にありました。

当時の中国は今とは異なり、台湾を「武力解放」する方針をとっていました。実際、この4年前にも金門、馬祖を含む台湾の離島を攻撃し、浙江省の沿岸部に位置する大陳島と一江山島を占領していました（第一次台湾海峡危機）。

中国の攻撃を受けて、米国は直ちに第七艦隊を派遣しました。米華相互防衛条約では金門・馬祖島は防衛範囲に含まれていませんでしたが、第一次台湾海峡危機後の1955年に米議会で「フォルモサ（台湾）決議」が採択され、金門・馬祖島も含む台湾の防衛のために軍を派遣する権限が大統領に与えられていました。

米軍幹部たちは、中国本土に対する核攻撃の必要性を強く主張しました。

元国防総省職員のダニエル・エルズバーグが２０１７年に自身のホームページで暴露した１９５８年台湾海峡危機に関する極秘報告書によると、米軍は第一段階として中国の攻撃拠点となっている数ヵ所の航空基地と砲台を10～15キロトンの小型核爆弾（広島型原爆は15キロトン）で攻撃する作戦を検討していました。

米軍トップのネイサン・トワイニング統合参謀本部議長は、台湾海峡危機への対応を協議する会議で、「中国の飛行場と砲台を小型核爆弾で攻撃する必要がある。国防総省のすべての研究結果は、これが（中国に勝利するための）唯一の方法であることを示している」と発言していました。

１９６２年に米空軍が作成した「１９５８年台湾危機の航空作戦」と題する報告書は、核兵器の使用が必要だと考えたのは「敵の数的優位に対抗するために最も効果的な方法は核兵器を使用すること」であったからだと記しています。

当時、運用できる航空機の数や作戦に使用できる航空基地の数では中国が圧倒的に優位に立っており、核兵器を使用しない通常の航空作戦では勝ち目はないと、米空軍は考えていました。

米軍が策定していた台湾有事の作戦計画では、数ヵ所の航空基地や砲台に小型核爆弾を投下しても中国が攻撃を止めない場合、上海などの都市を攻撃する計画でした。

しかし、それを実施した場合、ソ連も参戦し、台湾本島や米軍基地のある沖縄に対して核兵器による報復攻撃を行う可能性が高いと米軍は分析していました。

これについてトワイニング統合参謀本部議長は、「台湾の沿岸諸島の防衛をアメリカの国家政策とするならば、（核報復という）結果は受け入れなければならない」と主張しました。

結果的に、アイゼンハワー大統領が許可しなかったため、米軍が計画していた中国本土への核攻撃は行われませんでした。中国の攻撃は金門・馬祖島への砲撃に限定され、周辺に展開する米軍艦船を攻撃することもなかったことから、両島の占領や台湾本島への侵攻の可能性は低いと判断したためです。

しかし、もしもこの時にアイゼンハワー大統領が核攻撃を許可していたら、米軍の分析どおり台湾や沖縄が核兵器による報復を受けていたかもしれません。

現在の米国も、核兵器の先制使用の選択肢を捨てていません。将来の台湾有事でも、通常戦力だけでは中国の侵攻を防ぐことが困難な状況に陥った場合、米国が再び核兵器使用の誘惑にかられる可能性は否定できません。

その時、日本に米国の戦域核兵器が前方配備・展開していれば、中国の戦域核兵器の攻撃を受けるリスクが日本に降りかかることになります。

【コラム】核兵器の種類

核兵器はまず、「戦略核兵器」と「戦域核兵器」の二つに分けられます。

相手国の国家中枢や大都市などを壊滅させる出力（放出するエネルギー量）の高い核兵器を戦略核兵器、軍事拠点などへの限定核攻撃に用いる出力の低い核兵器を戦域核兵器と呼びます。

戦略核兵器には、TNT火薬に換算して1000キロトンを超える出力を持つものもあります（広島に投下された原子爆弾は15キロトン）。一方、戦域核兵器には出力を1キロトン以下に抑えられるものもあります。

戦略核兵器は、これを使用して核保有国同士が攻撃し合うような事態（全面核戦争）となれば双方とも国が壊滅するので、「使ったら最後」です。そのため、保有の目的は相手国の核攻撃の抑止です。

戦略核兵器は、大陸間弾道ミサイル（ICBM）、潜水艦から発射する弾道ミサイル（SLBM）、戦略爆撃機によって運搬されます。米国とロシアとの間で結ばれている新戦略兵器削減条約（新START）は、これらの運搬手段の配備数を計700、非配備のものを含めて計800に制限しています。また、核弾頭の搭載数も1550発に制限しています（保有数の制限はなし）。ただし、同条約は2026年2月に期限切れを迎えます。その後も延長されるかどうかは不透明な状況です。

戦域核兵器は、相手の核攻撃の抑止だけではなく、ロシアがウクライナに侵攻する際に行った「核の脅し」や、実際の戦闘で通常戦力の劣位を補う目的での使用も想定されています。戦略核兵器に比べて、使用される可能性が高いといえます。

戦域核兵器の運搬手段は、地上発射型短・中距離ミサイル、潜水艦や水上艦艇から発射する短・中距離ミサイル、戦闘機・爆撃機などです。米国とロシア二国間にはかつて、射程500～5500キロの地上配備型中距離ミサイルの保有を禁止する条約（中距離核戦力＝ＩＮＦ全廃条約）がありましたが、2019年に米国が破棄したため失効しました。

また、核兵器には原子爆弾と水素爆弾の2種類があります。

高濃縮ウランやプルトニウムの核分裂連鎖反応を利用するのが原子爆弾、重水素やトリチウムの核融合反応を利用するのが水素爆弾です。

第５章　日米同盟と核の歴史

日米同盟の「出発点」

日本に米国の核兵器が配備されたり有事の際に持ち込まれたりするシナリオが単なる「絵空事」ではないことは、日米同盟のこれまでの歴史が証明しています。

日米同盟は、最初から米国の核戦略に深く組み込まれていました。

1952年4月28日、サンフランシスコ講和条約が発効し、米国を中心とした連合国による軍事占領が終結します。しかし、同じ日に発効した日米安全保障条約によって、米軍は日本への駐留を続けます。また、沖縄と奄美群島（現・鹿児島県）、小笠原諸島（現・東京都）は本土から切り離され、米国による占領状態が継続します。これらの背景にも、米国の核戦略がありました。

その5年前の1947年3月、米国のトルーマン大統領は社会主義の脅威から自由主義の国々を守るとして、ソ連を中心とする「東側」に対する封じ込め政策を進めると宣言します（トルーマン・ドクトリン）。当初は欧州がその主戦場でしたが、1949年10月に中国共産党が国民党との内戦を制して中華人民共和国の建国を宣言すると、アジアでも封じ込め政策を強めます。

1950年1月には、米国のアチソン国務長官が、北からアリューシャン列島、日本、沖縄、フィリピンを結んだラインを米国の「不後退防衛線」として断固防衛する意思を表明します。

その直前の１９４９年8月には、ソ連が初の原爆実験に成功していました。これに対して米国は、ソ連の先制核攻撃に対して直ちにソ連の中枢に核による反撃が行える態勢を構築しようとします。そのためには、核爆弾を積んだ爆撃機がすぐに発進できるような基地をソ連に近い地域に置く必要がありました。

以上のような事情から、米国政府は占領終結後も日本に米軍基地を置くこと、そして、沖縄、奄美、小笠原の占領を継続することを日本政府に求めたのでした。

連合国軍最高司令官を務めたダグラス・マッカーサー元帥は、日本との講和について検討するにあたり、占領が終結した後も「日本の全領域が米国の防衛作戦のための潜在的な基地と見なされなければならない」と主張しました（１９５０年6月23日作成の覚書＝米政府解禁文書）。

ソ連との戦争になった場合、基地が核攻撃を受ける事態も想定し、基地以外のエリアも米軍が作戦行動のために自由に使用できる状況を望んだのです。

マッカーサーがこの覚書を作成した直後（6月25日）、北朝鮮が韓国に侵攻し、朝鮮戦争が勃発します。米軍は占領する日本を出撃、兵站拠点として自由に使いながら、この戦争に介入しました。

講和条約と日米安全保障条約の交渉は朝鮮戦争の最中に行われ、米国政府は占領終結後も米軍が日本全土を基地として自由に使用できなければ朝鮮戦争に勝利することはできないと主張し、「(日本国内の)必要と思われる場所に、必要と思われる期間、必要と思われる規模の軍隊を保持する権利」(1950年9月8日にトルーマン大統領が承認した国家安全保障会議文書60/1)を米国に与えるよう日本政府に要求しました。

そして、米国は実際に、この権利を日米安全保障条約によって獲得しました。日本にとっては、主権を回復しても領土、領空、領海のすべてを潜在的な米軍基地として利用されるという、およそ独立した主権国家とは言えないような「国のかたち」を決定づけられた瞬間でした。

日本への核兵器配備構想と「事前協議の嘘」

今日では知らない人が多いかもしれませんが、アジアで最初に米国の核兵器が配備された場所は、沖縄です。米国は沖縄をアジアにおける核戦略の要(かなめ)と位置付け、1954年から核兵器の配備を開始します。

米国はこの年、日本本土にも核兵器を配備する構想を立てます。しかし、それには大きな障害がありました。日本の反核世論です。同年3月1日に発生したビキニ水爆実験被災事件[※1]で静岡県焼津市の第五福竜丸を始め日本の多くのマグロ漁船が被ばくしたことで反核世論が沸騰し、原水爆の禁止を求める運動は国民的規模に拡大していました。

結局、米国は政治的リスクを回避するため、核兵器から核コンポーネント（核弾頭など）を外して日本に配備することを決定します。有事になったら核コンポーネントを日本に持ち込んで核兵器を使用できる態勢を構築しようとしたのです。

そんな中、日本への核兵器の配備をめぐって、日本の国会で大論争が巻き起こります。火を点けたのは、当時の鳩山一郎首相でした。

1955年3月14日に首相官邸で外国人記者との会見に臨んだ鳩山首相は、「日本に原爆を貯蔵したいという要求があれば認めるか」と問われ、「力による平和を正当として是認するならば原爆貯蔵も認めなければならないだろう」と答えたのです。

前年3月のビキニ水爆実験被災事件を機に大きなうねりとなっていた反核世論をバックにして、野党はこの発言を厳しく追及します。

※1　1954年3月1日、米国は太平洋のビキニ環礁で初の水爆「ブラボー」の実験を行った。周辺海域には多くの日本のマグロはえ縄漁船が操業しており、放射線被ばくした。特に爆心地から約160キロの地点で操業していた第五福竜丸の23人の乗組員は全員が急性放射線障害と診断され、半年後、無線長であった久保山愛吉が死亡した。

追い込まれた鳩山首相は発言から2ヵ月後、ついに方針の修正を余儀なくされます。
「原爆は非常な災害を人類に及ぼすものであり、これを（日本に）貯蔵するのは重大な問題である。そのような重大な問題について、米国が日本に相談なしに持ってくることはないと思っている。あった場合には、私は断固としてこれに同意しないつもりだ」と国会で答弁したのです（5月13日、参議院本会議）。

しかし、当時の日米安全保障条約には、米国が日本に核兵器を持ち込む際に事前協議を義務付ける制度は存在していませんでした。鳩山首相の「米国が日本に相談なしに持ってくることはないと思う」という主張には何も裏付けがなかったのです。当然、野党はこの点を厳しく追及しました。

局面を変えたのは、重光葵（しげみつまもる）外相の国会答弁でした。アリソン駐日米国大使と会談した際、「日本の承諾なく核兵器を持ち込むことはない」との確約を得たと明言したのです。

「将来原爆を持ち込む場合においては、原爆を持ち込まなければならぬような国際情勢になると仮定しても、その場合は日本の承諾なくして原爆は持ち込まないのだ、こういうことを議会に対して私がはっきり申しても差しつかえないということでございました。そこでこれは米国の大使と私とのさような一つの交渉でそう言ったのでありますから、これは国と国とのはっきりした意思表示があったわけであります」

（1955年6月27日、衆議院内閣委員会）

写真5-1　1955年に日本へ配備された米陸軍初の核弾頭搭載可能な地対地ミサイル「オネスト・ジョン」
出典：米陸軍ウェブサイト

　ところが、実際には、アリソン大使はこのような確約を与えていませんでした。

　米側の外交記録によると、アリソン大使は内々に抗議の意思を伝え、重光外相も「（日本の）国会での議論のいかなる内容も、米国政府に特定の行動を約束させるものではない」と確約が存在していないことを認めました。

　重光外相は、国会での野党の厳しい追及をかわすため、虚偽答弁を行ったのでした。

　米国は計画どおり、核コンポーネントを外した核兵器の日本への配備を進めました。

　この年の8月には、米軍初の核弾頭搭載可能な地対地ミサイル「オネスト・ジョン」の配備を開始します。

後に米国政府が機密解除して公開した米極東軍作成（1956年）の「核作戦のための通常運用規定（SOP）」と題する文書[※2]には、当時、三沢基地（青森県）、ジョンソン基地（埼玉県）、厚木基地（神奈川県）、小牧基地（愛知県）、岩国基地（山口県）、板付（いたづけ）基地（福岡県）、池子（いけご）弾薬庫（神奈川県）、横須賀弾薬庫（神奈川県）、佐世保弾薬庫（長崎県）などで、有事の際に核兵器を持ち込んで運用する態勢がとられていた事実が記されています。

核攻撃任務を持つA4Dスカイホーク攻撃機一個中隊（16機）が配備されていた岩国基地では、核爆弾を積んだ海軍の揚陸艦「サン・ホアキン・カウンティ」が基地の沖合約200メートルの海上に停泊し、緊急時に直ちに陸揚げできる態勢がとられていた事実が明らかになっています。

事前協議制の導入と核密約

1955年の「重光外相の嘘」は、1960年の日米安保条約の改定と同時に解消されることになります。条約と同時に日米両政府の間で交わされた「交換公文」で、事前協議制が導入されたからです。

これにより、米軍が以下の三つの行動をとる場合は、日本政府との事前協議が義務付けられました。

①日本国への配置における重要な変更
②装備における重要な変更
③日本国から行われる戦闘作戦行動のための基地使用

しかし、これだけではそれぞれ具体的に何を指しているのか明確ではありません。各項目の定義については、当時の藤山愛一郎外相とマッカーサー駐日米国大使（ダグラス・マッカーサーの甥）が口頭で確認しました（「藤山・マッカーサー口頭了解」）。

②の「装備における重要な変更」とは、「核弾頭及び中・長距離ミサイルの持ち込み（イントロダクション）並びにそれらの基地の建設」と定義されました。

日本政府は、この交換公文によって、核兵器の日本への持ち込みが「事前協議の対象で

※2　米国のシンクタンク「ノーチラス研究所」がＦＯＩＡ（情報自由法）に基づき開示請求して入手したもの。同研究所のウェブサイトで閲覧可能。https://nautilus.org/wp-content/uploads/2012/08/Far-East-Command-Standing-Operating-Procedure-No.-1-for-Atomic-Operations-in-the-Far-East-Command-1956.pdf

ありまして、日本が拒否する限りにおいては持ち込みが認められないということが明瞭になった」（岸信介首相、１９６０年2月9日、衆議院本会議）と説明しました。

事前協議制の導入により、米国が日本の承諾なしに核兵器を持ち込むことはできなくなったかのように表面上は見えました。しかし、この裏で、重大な「密約」が結ばれていたのです。

密約は、藤山外相とマッカーサー大使の「討論記録」という形式で文書に残されていました。その中に、次の一文がありました。

事前協議は、合衆国軍隊とその装備の日本への配置、合衆国軍用機の飛来（エントリー）、合衆国艦船の日本領海や港湾への入港（エントリー）に関する現行の手続きに影響を与えるものとは解されない。

米国政府はこの約2年前（１９５８年1月）に、特定の部隊や艦船・航空機の核兵器の有無を明らかにしない「肯定も否定もしない（ＮＣＮＤ：Neither confirm nor deny）政策」を採用しており、日本でも核兵器の有無を明らかにしないまま艦船や航空機を出入りさせていました。米国政府は「討論記録」にこの一文を盛り込むことで、事前協議制の導入後も、この「現行の手続き」は影響を受けないことを確認しようとしたのでした。

つまり、核兵器を搭載した米軍の艦船や航空機の一時的な寄港や飛来（エントリー）を「藤山・マッカーサー口頭了解」にある「持ち込み（イントロダクション）」と区別し、事前協議の対象から外そうとしたのです。

しかし日本政府は、核兵器を搭載している場合は一時的な寄港や飛来も事前協議の対象になり、協議があった場合は拒否すると国会で説明しました。

1963年に米原子力潜水艦の日本への寄港問題が持ち上がった際も、池田勇人（はやと）首相は「核弾頭を持った潜水艦は、私は日本に寄港を認めない」と寄港も事前協議の対象となることを前提とした答弁を行いました（1963年3月6日、参議院予算委員会）。

こうした答弁に、米国政府は「討論記録」の解釈で日本政府と食い違いがあるのではないかと疑念を抱きます。それを正すため、ライシャワー駐日大使が大平正芳外相と会い（1963年4月4日）、「核兵器を搭載した艦船・航空機の一時的な立ち寄り（エントリー）は、日本への持ち込み（イントロダクション）には当たらない」と改めて確認を求めました。大平外相はそれに異議を唱えませんでした。

ところが、この後も国会では一時的な立ち寄りも事前協議の対象になるという答弁を続け、「米側から事前協議の申し出がないので、核兵器は搭載されていない」というロジッ

CONFIDENTIAL

TREATY OF MUTUAL COOPERATION AND SECURITY

RECORD OF DISCUSSION

Tokyo, January 6, 1960.

1. Reference is made to the Exchange of Notes which will be signed on January 19, 1960, concerning the implementation of Article VI of the "Treaty of Mutual Cooperation and Security between the United States of America and Japan", the operative part of which reads as follows:

"Major changes in the deployment into Japan of United States armed forces, major changes in their equipment, and the use of facilities and areas in Japan as bases for military combat operations to be undertaken from Japan other than those conducted under Article V of the said Treaty, shall be the subjects of prior consultation with the Government of Japan."

2. The Notes were drawn up with the following points being taken into consideration and understood:

a. "Major changes in their equipment" is understood to mean the introduction into Japan of nuclear weapons, including intermediate and long-range missiles as well as the construction of bases for such weapons, and will not, for example, mean the introduction of non-nuclear weapons including short-range missiles without nuclear components.

写真5-2　核兵器を搭載した米軍艦船・航空機の日本への立ち寄りを事前協議の対象外とすることを確認した核密約（1960年1月6日に作成された「討論記録」）　出典：外務省が2009年に公表

クで国民を欺き続けることになります。

実際には、米軍は事前協議制が導入される以前と変わらず、核兵器を搭載した艦船や航空機を日本に寄港・飛来させていました。

そのことが表面化し、この問題に再び火が点いたのは1974年9月のことでした。米国議会の公聴会で、元海軍少将のジーン・ラロックが「核兵器を搭載できる艦船は日本やその他の国々の港に入る際、核兵器を降ろすことはしない」と証言し、核兵器を積んだまま日本に入港している事実を認めたのです。

野党は国会で厳しく追及しましたが、日本政府は「事前協議がない場合は、核兵器は搭載されていないと確信している」（木村俊夫外相）などと従来どおりの答弁を繰り返しました。

さらに、1981年5月には、元駐日米国大使のライシャワーが毎日新聞の取材に対し、「日米間の了解の下で、アメリカ海軍の艦船が核兵器を積んだまま日本の基地に寄港していた。これについては日米安保条約の規定する〝事前協議〟の対象とならないことを日本側も了解していた」と証言しました（毎日新聞、1981年5月18日朝刊）。

これに対し、日本政府は「これまで米側が事前協議を行ってきていない以上、米軍による核の持ち込みがあったというような事実はないと考えている」（鈴木善幸首相）などと答弁し、全否定しました。

このように日本政府は、国民に対して長らく嘘をつき続けたのです。

「核抜き」沖縄返還と極東有事の「核再持ち込み密約」

米国は日本国民の強い反核感情を考慮して本土では核兵器の地上配備は行わない方針をとっていましたが、軍事占領を続けていた沖縄では大量の核兵器を配備していました。米軍は沖縄を「太平洋のキー・ストーン(要石)」と位置付け、最も多い時でなんと1300発もの核兵器を貯蔵していました。沖縄は、世界最大級の「核貯蔵庫」とされていたのです。

前章で述べたとおり、1958年の「第二次台湾海峡危機」の時、米軍は沖縄から発進させた攻撃機で中国を核攻撃する作戦計画を立てていました。

1965年から米国の介入が本格化したベトナム戦争でも、沖縄の核兵器関連部隊がベトナムでの核兵器使用の準備を行っていた事実が、当時の米軍の記録によって明らかになっています(新原昭治『密約の戦後史　日本は「アメリカの核戦争基地」である』創元社、2021年)。

そんな中、沖縄では祖国復帰運動が高揚し、米国もついに施政権返還を余儀なくされます。1969年11月、米ホワイトハウスでニクソン大統領と佐藤栄作首相の会談が開かれ、両首脳は1972年の沖縄返還で合意します。
会談後に発表された共同声明には、次の一文が盛り込まれました。

総理大臣は、核兵器に対する日本国民の特殊な感情およびこれを背景とする日本政府の政策について詳細に説明した。これに対し、大統領は、深い理解を示し、日米安保条約の事前協議制度に関する米国政府の立場を害することなく、沖縄の返還を、右の日本政府の政策に背馳（はいち）しないよう実施する旨を総理大臣に確約した。

「核兵器に対する日本国民の特殊な感情およびこれを背景とする日本政府の政策」とは、佐藤首相が1967年に国会で唱えた「非核三原則」（核兵器を持たず、つくらず、持ち込ませず）のことです。

米国は、この原則に反しない形で沖縄の返還を実施する、つまり、返還後は本土と同じように核兵器の地上配備は行わないと確約したのです。

ただし、「日米安保条約の事前協議制度に関する米国政府の立場を害することなく」という条件が付けられているのがポイントです。これは、米国には有事の際に核兵器の持ち込みについて日本と協議する権利があること、そして、核兵器を搭載した米軍の艦船や航空機の一時的な立ち寄りは事前協議の対象にはならないということを改めて確認したものに他なりません。

佐藤首相は帰国後、「沖縄返還は核抜き、本土並みで達成される」と自らの外交成果を大きくアピールしました。

ところが、この裏にも「密約」が存在していました。

佐藤首相とニクソン大統領はホワイトハウスの大統領執務室で会談を終えると、側近を伴わずに2人だけで隣の小部屋に移動し、極秘の「合意議事録」に署名していました。そこには、極東有事が発生した際、米国が沖縄に再び核兵器を持ち込むことを保証する内容が記されていました。

米国政府は、極めて重大な緊急事態が生じた際、日本政府との事前協議を経て、核兵器の沖縄への再持ち込みと、沖縄を通過させる権利を必要とするであろう。米国政府は、その場合に好意的な回答を期待する。米国政府は、沖縄に現存する核兵器貯蔵地である、嘉手納、那覇、辺野古、並びにナイキ・ハーキュリーズ基地を、何時でも使用できる状態に維持しておき、極めて重大な緊急事態が生じた時には活用できるよう求める。

日本国政府は、大統領が述べた前記の極めて重大な緊急事態の際の米国政府の諸要件を理解して、かかる事前協議が行われた場合には、遅滞なくそれらの要件を満たすであろう。

写真5-3　沖縄に配備されていたメースB核巡航ミサイル
出典：米ナショナル・セキュリティ・アーカイブ

この文書は「米合衆国大統領と日本国総理大臣との間でのみ最高の機密のうち取り扱うべきものとする」とされ、佐藤は首相退任後も自宅でこれを保管していました。

米国は、沖縄とともにサンフランシスコ講和条約で日本から切り離された小笠原諸島の父島と硫黄島にも核兵器を配備していました。

小笠原諸島は沖縄より4年早い1968年に返還されていますが、この時も核兵器の再持ち込みを事実上容認する密約が結ばれていました。

欧州への中距離ミサイル配備とアジアへの核トマホーク配備

沖縄返還の11日後（1972年5月26日）、米国のニクソン大統領はソ連のブレジネフ書記長とモスクワで会談し、二つの軍備管理条約を締結します。

一つは、戦略核の運搬手段である大陸間弾道ミサイル（ICBM）と潜水艦発射型弾道ミサイル（SLBM）の保有数を制限する「戦略兵器制限条約交渉（SALT I）」。もう一つは、弾道ミサイル迎撃用のミサイル（ABM）の配備数を制限する条約です。

これを機に、米ソはしばらくの間、「デタント（緊張緩和）」の局面に入ります。

再び米ソの緊張を高める要因になったのは、キューバ危機と同様、地上発射型中距離ミサイルでした。

ソ連軍は1977年から、新型の地上発射型中距離ミサイル「SS20」の配備を開始しました。

SS20は、それまでソ連軍が配備していた地上発射型中距離ミサイルと比べて射程が5000キロと長く、命中精度も格段に向上していました。しかも、1発のミサイルに出力150キロトン（広島型原爆の約10倍）の核弾頭を3個装着できる多弾頭型でした。これにより、欧州全域が、このミサイルの脅威にさらされることになります。

一方、米国は欧州に地上発射型中距離ミサイルを配備していませんでした。キューバ危機の翌年（１９６３年）、トルコやイタリアに配備していた「ジュピター」という地上発射型中距離ミサイルを撤去してしまっていたからです。

しかし、欧州でソ連のＳＳ20に対する脅威認識が高まる中、北大西洋条約機構（ＮＡＴＯ）は１９７９年12月、米国の地上発射型中距離ミサイルを再び欧州に配備する方針を決定します。※3

この決定に基づき、米国は１９８３年11月、イギリス、西ドイツ、イタリアへの地上発射型中距離ミサイルの配備を開始します。ソ連は直ちに東ドイツとチェコスロバキアに短射程の新型ミサイルを配備するなどの対抗措置を発表し、緊張が高まります。

これは日本にとっても「他人事」ではありませんでした。欧州で米ソの戦争が起きれば、日本も巻き込まれる可能性が高かったからです。

ソ連は極東地域にもＳＳ20を配備していました。また、射程３００キロを超える核巡航

※3　北大西洋条約機構（ＮＡＴＯ）は１９７９年12月に開いた閣僚理事会で、米軍の新型の地上発射型中距離弾道ミサイル「パーシングⅡ」（射程１８００キロ）と地上発射型中距離巡航ミサイル「グリフォン」（射程２５００キロ）を欧州数ヵ国に配備する方針を決定した。これと併せて、ソ連と地上発射型中距離ミサイルを始めとする戦域核兵器の軍備管理交渉を進める方針も打ち出した（ＮＡＴＯの「二重決定」と呼ばれている）。

ミサイルを搭載する中距離爆撃機「TU22M」（NATOの呼称は「バックファイア」）も多数配備していました。

これに対抗するため、米国はアジアでは地上発射型中距離ミサイルではなく、新たに開発した海洋発射型巡航ミサイル（SLCM）「トマホーク」を太平洋艦隊の水上艦や潜水艦を中心に配備します。通常弾頭型は1982年から、核弾頭型は1984年から配備を開始しました。

トマホークは、無人航空機のようにジェットエンジンで飛翔し、あらかじめインプットした地形データに従って低空を這うように目標に向かうので、敵の防空レーダーに捕捉されにくい巡航ミサイルです。射程は約2500キロ。核弾頭の出力は5キロトンから最大で200キロトン（広島型原爆の約13倍）まで変えられる仕様になっており、米国はこれで極東ソ連軍の基地などを叩く作戦を想定していました。

日本にも頻繁に出入りしている米太平洋艦隊の水上艦や潜水艦に核弾頭を装着したトマホークが配備されたことで、核兵器の持ち込み問題が再びクローズアップされることになります。

米軍はトマホーク配備後も、事前協議することなく水上艦や潜水艦を日本に入港させました。これに核弾頭を装着したトマホークが積まれている可能性を指摘されても、日本政府は「事前協議制度というものがある以上は核の持ち込みというのはあり得ない」などと従来どおりの答弁を繰り返すだけでした。

米第七艦隊の本拠地となっている横須賀市などが核トマホーク搭載の有無を米側に確認するよう求めても、「事前協議がなかったということは、持ち込みはないと確信している。したがって、あらためて確認する考えはない」と拒否しました。

欧州で史上空前の反対運動

欧州では、米軍の地上発射型中距離核ミサイルの配備に反対する史上空前の運動が起きました。

火を点けたのは、レーガン大統領の「限定核戦争」発言です。

同大統領は1981年10月、メディアから「米ソ間の全面核戦争には至らない戦場での核攻撃の応酬はあり得るか」と尋ねられ、「あり得る」と回答しました（毎日新聞、1981年10月21日朝刊）。米ソの間には「相互確証破壊」が成立しているので戦略核兵器による全面核戦争に至る可能性は低いが、中距離ミサイルなど戦域核兵器による限定的な核戦争は起こり得るとの見方を示したのでした。

この見方の前提には、米国がソ連軍の基地や陣地などを戦域核兵器で攻撃しても、ソ連の報復攻撃は欧州のＮＡＴＯ軍基地などに限られ、米国本土が核攻撃を受けることはないだろうという計算があります。

レーガン大統領の発言により、欧州が米ソの限定核戦争の戦場にされるという危機感が一気に広がります。そして、ボン、ロンドン、ローマ、パリ、ブリュッセル、アムステルダムなど欧州各地で数十万人の市民が参加する大規模な反核集会が相次いで開かれます。集会の多くは、米ソ双方の戦域核の配備に反対しました。

米国が地上発射型中距離核ミサイルを欧州に配備しようとした時（１９８３年11月）、配備先の西ドイツ、英国、イタリアで実施された世論調査では、いずれも反対が賛成を上回りました。[※4]

日本でも、核トマホークの配備によって米ソの核戦争に巻き込まれるのではないかという不安が広がり、各地で反対集会が開かれます。１９８４年11月に行われた読売新聞の世論調査でも、約63％の人が「近い将来、核兵器を使った戦争が起こる危険性があると思う」と回答しました。

このような国民の不安をよそに、日本政府は密約の存在を隠し、「米国から事前協議の申し出がないので核兵器は持ち込まれていない」と同じ嘘をつき続けたのです。

冷戦終結と戦域核兵器の撤去

１９８３年に米国が地上発射型中距離ミサイル「パーシングⅡ」と「グリフォン」を配備して以降欧州で高まっていた戦域核兵器をめぐる米ソの緊張は、１９８７年に解消されることになります。

転機となったのは、１９８５年のミハイル・ゴルバチョフのソ連共産党書記長就任です。停滞した国内経済の立て直しに向けて「ペレストロイカ」と称する大胆な改革に乗り出したゴルバチョフは、米国との軍拡競争で膨れ上がった軍事支出を減らすため、米国との軍備管理交渉に積極的な姿勢で臨みます。

その結果、１９８７年12月に開かれた米ソ首脳会談で、射程５００キロから５５００キロまでの地上発射型中距離ミサイルを双方が完全廃棄する中距離核戦力（ＩＮＦ）全廃条約が結ばれたのです。

これにより、米国は32基の発射機と８４６発の核ミサイル、ソ連は１１７基の発射機と１８４６発の核ミサイルを廃棄することになりました。それを検証するために、相互にミ

※４　１９８３年11月23日付の英紙デーリー・エクスプレスは西ドイツ、英国、イタリアで同時に実施したギャラップ世論調査の結果を掲載した。▽米国製ミサイルの配備の是非（賛成―反対）。英国41―48％。西ドイツ25―48％。イタリア27―62％。（朝日新聞、１９８３年11月24日朝刊）

サイル関連施設などの査察を行う制度も設けられました。

しかし、米国がソ連の地上発射型中距離ミサイルなどに対抗するために配備した核トマホークはそのまま残りました。

その後、1989年11月に冷戦の象徴とも言える「ベルリンの壁」が崩壊し、翌月には地中海のマルタ島で会談した米ブッシュ大統領とゴルバチョフ書記長が冷戦の終結を宣言。翌年10月には、東西ドイツが統一を果たします。

こうした雪解けムードの中、米ソは1991年7月、双方が保有する戦略核弾頭を6000個、ミサイルや爆撃機など運搬手段の保有数を1600にまで削減する「第一次戦略兵器削減条約（START1）」を締結します。

さらにこの2ヵ月後、ブッシュ大統領は、米国の一方的措置として世界中に配備している戦域核兵器の大部分を撤去すると発表します。これには、米軍艦船に搭載している核トマホークも含まれていました。翌年7月、ブッシュ大統領は米軍艦船から核トマホークを含むすべての戦域核兵器を撤去したと発表しました。

米軍艦船からすべての戦域核兵器が撤去されたことで、日本では、「核持ち込み問題」がクローズアップされることはなくなりました。

それが再びクローズアップされるようになるのは、2000年以降のことです。

大きなきっかけとなったのは、米国政府の外交記録公開でした。米国務省は1990年代終盤、核持ち込み密約が記された1960年の藤山外相とマッカーサー大使の「討論記録」を機密解除し、国立公文書館で公開したのです。これを入手した日本共産党の不破哲三衆院議員（同党委員長）が、国会の党首討論で小渕恵三首相を追及しました。

不破は米側の公文書を根拠に質問したにもかかわらず、小渕首相は「そのような密約なるものは存在しないことは歴代の総理、外相が繰り返し明確に述べており、私も確信を持って密約でないと今ここで申し上げたい」と全否定した上で、「核持ち込みの事前協議が行われない以上、米国による核の持ち込みがないことについて何らの疑いも持っておりません」と従来どおりの答弁を繰り返しました（2000年3月29日、国家基本政策委員会合同審査会）。

この9年後（2009年）、4人の外務次官経験者が匿名で核持ち込み密約の存在を認める証言を行ったと共同通信が報じます。そのうちの一人、村田良平は途中から実名に切り替えて証言しましたが、それでもなお政府は密約の存在を否定し続けました。

民主党政権が行った密約調査とその処理の問題点

事態が大きく動いたのは、この年の夏でした。

8月の総選挙で民主党が大勝し、政権交代が実現したのです。自民党は下野し、民主党を中心とする連立政権が誕生。首相には鳩山由紀夫が選出されました。そして、鳩山内閣の外相に就任した岡田克也が最初に行ったのが日米同盟に関する密約の調査でした。

調査の結果、米国立公文書館で公開されている「討論記録」と同じ内容の文書が外務省内にも保存されていた事実が発覚します。

外務省は、核兵器を搭載した艦船等の寄港を事前協議の対象外とするという米側の「討論記録」の解釈に日本側が同意した事実を示す証拠は見つからなかったと結論付けました。

一方、岡田外相が任命した有識者委員会は、「日本政府は、米国政府の解釈に同意しなかったが、米側にその解釈を改めるよう働きかけることもなく、核搭載艦船が事前協議なしに寄港することを事実上黙認した」として、「暗黙の合意」という広義の密約が存在していたと結論付けました。

岡田外相も「従来どおり核の持ち込みがなかったと言い切ることはできない状況であり、その疑いを完全に払拭することはできない」と述べ、「この問題がこれほどの長期間に亘り、また、冷戦後の時期に至っても、国会及び国民に対して明らかにされてこなかったことは、自分としては極めて遺憾」と語りました（2010年3月9日、記者会見で）。

政権交代し、それまで歴代の自民党政権がつき続けてきた嘘をただしたのには大きな意義がありました。

しかし、その後の処理の仕方には大きな問題が二つありました。

「討論記録」の解釈をめぐって米側と解釈の不一致があったと結論付けたにもかかわらず、その不一致を解消せずに放置したのです。岡田外相は次のように説明しました。

「今回のこの調査によって、日米の違いがあるということが対外的にも明らかになったということであります。しかし、幸いにして1991年以降の米国の核政策の変更によって、今、具体的に何かそれが問題になるということではないということです」（同前）

先ほど述べたとおり、米国は1992年に米軍艦船から核トマホークを始めとする戦域核兵器をすべて撤去しました。よって、「討論記録」の解釈をめぐり日米間に不一致があっても、具体的な問題になることはもうないというのです。

でも、はたして本当にそうだったのでしょうか。

岡田がこの発言をした時点では、確かにそうだったかもしれません。しかし、前章で述べたように、米国が中国の戦域核兵器に対抗するため、再び潜水艦に搭載する核巡航ミサイルを開発・配備する可能性は否定できません。

そうなった時、米国は自らの「討論記録」の解釈に従い、かつてと同じように事前協議を行わずに核巡航ミサイル搭載艦を日本に寄港させる可能性があります。これが、一つ目の大きな問題です。

もう一つの大きな問題は、「核兵器持ち込みの事前協議がされた場合は、非核三原則に従って拒否する」というそれまでの日本政府の立場を大きく転換するような国会答弁を岡田が行ったことです。

その答弁は、自民党の岩屋毅衆院議員（後に防衛大臣）の質問に対してなされたものでした。

岩屋は、今は現実的にその可能性がないからといって、核兵器を搭載した米軍の艦船や航空機の寄港を黙認する「暗黙の合意」をそのまま放置しておくことは「本来、この調査をやった後の結論としてはふさわしくないと思う」と語り、将来緊急事態（有事）が発生し、米軍が核兵器を搭載した艦船や航空機を日本に寄港させようとした場合の対応をあらかじめ決めておくことを提案しました。

これに対して岡田外相は、次のように答弁しました。

「委員御指摘の、では、緊急事態ということが発生したときにどうするかということであります。

我々は、非核三原則を守るというふうに申し上げております。非核三原則というのは、それは国民を守るために非核三原則ということを我々は主張しているわけでございます。

余り仮定の議論をすべきでないと思いますが、緊急事態ということが発生して、しかし、核の一時的寄港ということを認めないと日本の安全が守れないというような事態がもし発生したとすれば、それはそのときの政権が政権の命運をかけて決断をし、国民の皆さんに説明する、そういうことだと思っております」

（2010年3月17日、衆議院外務委員会）

岡田外相は、緊急事態（有事）の際には、政府が米軍の核兵器搭載艦の一時寄港を容認することもあり得ると答弁したのです。この答弁に岩屋議員は「今日は、そこまでの話が聞けてよかった」と語り、「万やむを得なき場合には、非核三原則の一部にその例外が生じることがあってもやむを得ない、これは当然、そういう判断に立ってしかるべき」と賛意を示しました。

2022年3月7日の参議院予算委員会で岸田首相は、この岡田答弁を「岸田内閣においても引き継いでいる」と明言しました。

日本政府は表向き「非核三原則を堅持する」と言い続けていますが、核兵器を搭載した米軍の艦船や航空機の一時的な立ち寄りを公式に認める「非核二・五原則」化への布石はもう打たれています。

気になる辺野古での弾薬庫建て替え――核兵器の運用も想定か

米海兵隊普天間飛行場の「代替施設」建設のための工事が行われる沖縄県名護市辺野古。メディアの注目を集める海上での埋め立て工事の陰に隠れて、陸上でも気になる工事が進んでいます。

弾薬庫の建て替え工事です。

キャンプ・シュワブに隣接する辺野古弾薬庫地区には、大小約40棟の弾薬庫が存在しています。前述したように、1972年の施政権返還までは核兵器も貯蔵されていました。返還時に核兵器は撤去されましたが、その後も、有事の際に核兵器を再び持ち込んで運用できる状態を維持するとの「密約」が佐藤栄作首相とニクソン大統領との間で結ばれていました。

ここで現在、古い弾薬庫を解体して、新しい弾薬庫を建設する工事が進められているのです。工事は２０１７年に開始され、２０２２年に4棟の新弾薬庫が完成。この年、日米両政府はさらに5棟の新弾薬庫を整備することで合意しました。

アジア太平洋地域の米海兵隊の基地を管理する部隊が２０１４年に作成した基地の統合管理計画は、「13の弾薬庫を解体し、12の新たな弾薬庫と武器の組み立て区画に建て替える」と記しています。

米国は辺野古に再び核兵器を持ち込んで運用する事態を想定し、老朽化した弾薬庫の建て替えを進めているのではないか――そんな疑問が頭をよぎります。

私がこのような疑問を持つのには理由があります。

２００９年2月下旬、米議会に設置された「米国の戦略態勢に関する諮問委員会」の主要メンバーが在米日本大使館のスタッフから核政策に関する意見聴取を行ったことがありました。

米国の科学者らでつくる「憂慮する科学者同盟（ＵＣＳ）」のグレゴリー・カラキ上級アナリストが独自に入手した議事の記録メモ[※5]によると、同諮問委員会副委員長のジェイムズ・シュレシンジャー元国防長官と日本大使館で政務班長を務めていた秋葉剛男(たけお)公使との間で次のようなやり取りがされたといいます。

※5　この記録メモの原文は以下のサイトで閲覧できる。http://kakujoho.net/npt/npr2018.html#akiba_e_m

写真5-4　かつて核兵器が貯蔵されていた米軍の特殊弾薬庫＝2023年12月、辺野古弾薬庫地区　筆者撮影

まず、シュレシンジャーが、NATO諸国で行われているように米国の核兵器を日本の陸上に配備する政策に関心があるかと秋葉に尋ねます。

これに対して秋葉は「日本の政治体制は非核三原則を変更することには関心がない」として、米国の核兵器を日本の陸上に配備する政策は「政治的に現実的ではない」と答えます。

この回答を受けて、シュレシンジャーはもう一つのプランを提示して、秋葉の考えを聞きます。

もう一つのプランとは、核兵器を配備するのではなく、核兵器を貯蔵できる弾薬庫を沖縄に建設するというものでした。必要性が生じた時には、いつでも配備できるよう、その器だけ先に整備しておくというプランです。

秋葉は、「説得力があると思う」と前向きな回答をしたといいます。※6

このやり取りは、米国の安全保障専門家の中に沖縄への核兵器再配備をオプションの一つとして考える人が存在していること、そして日本政府の中にもそのオプションを肯定的に捉える人がいることを示しています。

秋葉はその後、外務省事務方トップの外務事務次官を経て、2021年には政府の「安全保障政策の司令塔役」とも言われる国家安全保障局長に就任しました。

一つのエピソードに過ぎないと言えばそれまでですが、辺野古で進められている新弾薬庫の建設に不気味な「核の影」を感じずにはいられません。

※6　2018年3月6日、記者会見で秋葉の発言について問われた河野太郎外相は、「(秋葉に確認したところ)非核三原則に反するような示唆というのはなかったということです」と回答。しかし、秋葉が具体的にどのような発言を行ったのかについては明らかにしていない。

第6章　米中避戦の道

台湾有事の住民避難計画策定へ

日本の最西端に位置し、台湾に最も近い与那国島。台湾本島との最短距離は約110キロで、晴れた日には島の西方に台湾本島の島影がくっきりと見えることもあります。紺碧の海をバックに在来種のヨナグニウマがのんびりと草を食む風景は、ドラマ『Dr.コトー診療所』でもお馴染みです。

人口約1700人（2024年6月現在）のこの小さな島も近年、石垣島などと同じく「国防の最前線」に押し出されています。

2016年には、先島諸島では初めて陸上自衛隊の駐屯地が開設され、レーダーなどで周辺の海・空域を監視する沿岸監視部隊が配備されました。2024年には電子戦部隊も追加配備され、今後は駐屯地の拡張や地対空ミサイル部隊の配備も計画されています。

こうした中で、2023年9～10月、有事を想定した住民避難計画の説明会が地区ごとに計4回開かれました。

説明会では町役場の担当者が、町が策定した避難計画案について説明しました。

想定しているのは、政府が日本周辺の情勢悪化を受けて「武力攻撃予測事態」（武力攻撃事態には至っていないが、事態が緊迫し、武力攻撃が予測されるに至った事態）を認定したケース。政府は、沖縄県全域を「要避難地域」に指定し、与那国島を含む先島諸島の住民には九州各県と山口県に避難するよう指示します。

それを受けて、与那国町はフェリー（4便）と航空機（11便）で約1700人の町民を1日で島外避難（石垣島経由で九州へ）させる――これが避難計画案の柱です。

町役場の担当者による説明が終わると、質疑の時間へ。ある高齢男性は、こう発言しました。

「戦争がいつ起こるかわからんから、その段取りをしようということでこの説明会が開かれていると思う。でも、なぜ与那国の人が島外に行かないといけないのか。俺は行かない。どんなことがあっても行かない」

政府から避難指示が出されても島に残ると宣言したのは、この男性だけではありませんでした。

一方、畜産業を営む別の男性は、島には残れないのではないかと疑問を呈しました。

「紛争地帯になるかという時に住民に残られると（自衛隊にとっては）作戦の邪魔になっ

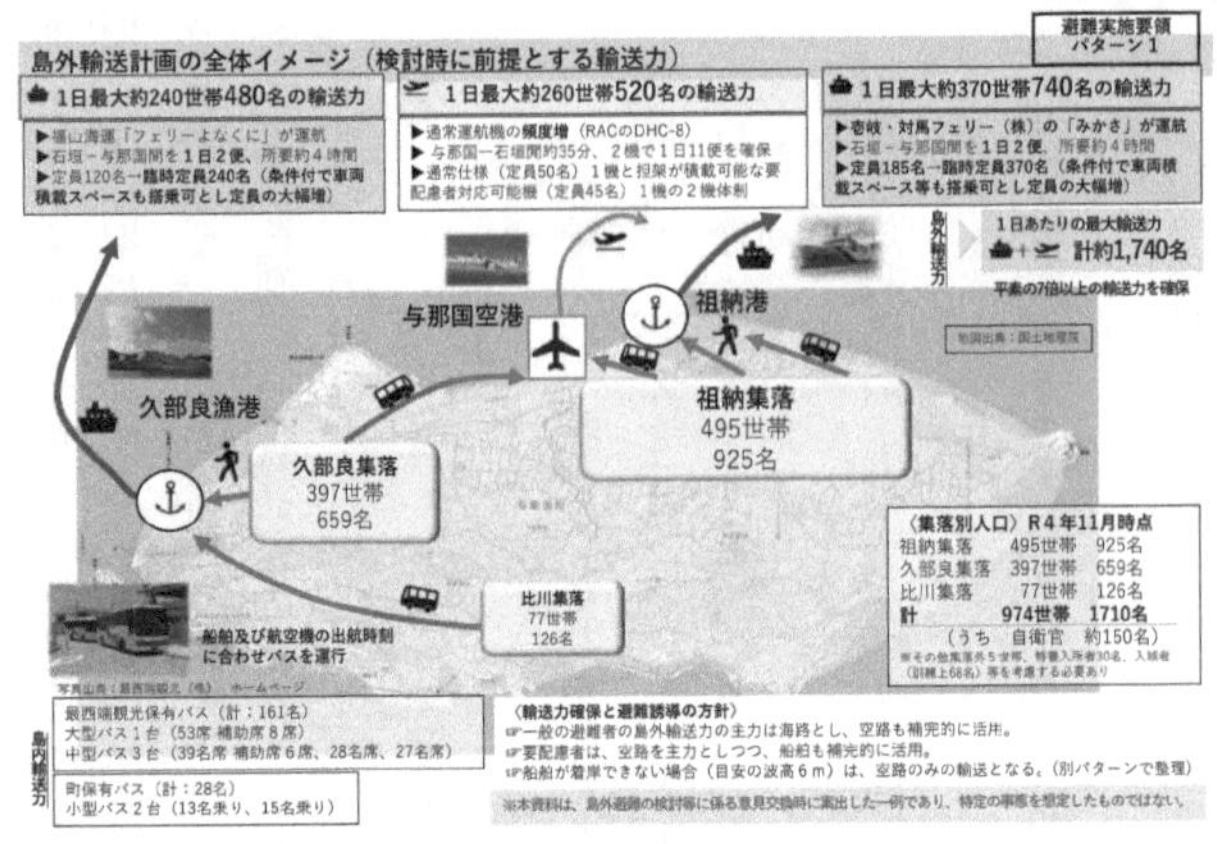

写真6-1　与那国町が作成した島外避難計画の概要

てしまう。この場からとにかく移動してもらわないと（自衛隊が）武力攻撃に備えられないとなれば、残れない。俺だったら、牛がいるから残ろうと思っても残れない。しかも、戻ってきた時に牛が死んでいても、（現在の法律では）補償の制度が整備されていないという。こういう準備を何もしていない国はおかしいと思う」

町の担当者は「私も一町民ですから、本音を言えば、この計画は使いたくないです。でも万が一の時はということで想定していることですので……」と言って理解を求めました。

政府は、有事の際に先島諸島の住民ら約12万人を九州各県に避難させる計画の策定を進めています。「特定の事態を想定したものではない」

と説明していますが、避難の対象を先島諸島としていることからも台湾有事を想定しているのは明らかです。

台湾有事で日本全体が戦場に

こうした動きは、台湾有事が発生した場合、先島諸島も戦争に巻き込まれる危険性が高いと政府が考えていることを示しています。米海兵隊と陸上自衛隊は先島諸島を中国軍に対する偵察や攻撃の拠点として利用する遠征前進基地作戦（EABO）を準備しており、同諸島が攻撃を受ける事態は作戦の前提となっています。

しかし、本当に台湾有事が日本有事になれば、先島諸島や南西地域だけの「局地戦」にとどまる保証などどこにもありません。

米国の構想では、日本中の米軍基地が中国のミサイル攻撃を受けることを前提に、空軍と海軍の主力部隊はいったん日本から退避させます。一方で、海兵隊と陸軍は日本にとどまり、自衛隊と共に中国に対するミサイル攻撃などを行います。米兵の犠牲を少なくするため、これはなるべく自衛隊にやらせようとする可能性もあります。

第3章で述べたとおり、米国は自らの戦争に日本の戦力を活用するというビジョンを描いて、再軍備への第一歩となる警察予備隊の創設を日本に命じました。自衛隊も、このビジョンの下、米軍の手足として使う目的で育ててきました。

現在の米国は、20年続けた中東での戦争による疲労や傷から回復しておらず、海外の紛争への本格的な軍事介入に消極的です。ロシアのウクライナ侵略に対しても、直接軍事介入するのではなく武器供与などの支援に徹しています。中国が台湾に侵攻した場合も、直接軍事介入はせずに台湾に対する支援に徹するか、軍事介入したとしても日本になるべく多くの役割を担わせようとする可能性が高いでしょう。そうなれば、自衛隊は米軍の「尖兵」として、中国との戦争の矢面に立たされることになります。

日本と中国の間で本格的なミサイルの撃ち合いになれば、日本の狭い国土に「逃げ場」などありません。ロシアの侵略を受けたウクライナでは、女性や子ども、高齢者など約800万人が国外に避難しました（2023年2月時点）。それができたのはウクライナが内陸国だからであり、四方を海に囲まれた島国である日本ではそうはいきません。戦争が始まり日本にミサイルが飛んでくる事態になれば、民間の航空機やフェリーは運航を停止するからです。

1億2000万人が狭い国土にひしめき合って暮らし、「逃げ場」もない日本が戦場になれば、甚大な被害が生じるのは避けられません。

また、日本は食料やエネルギー資源の大部分を海外からの輸入に依存しており、戦争になれば、これらが入ってこなくなる可能性もあります。戦争が長期化すれば、備蓄は底をつき、日本人は生きていくことができなくなります。

核兵器使用のシミュレーションの結果は……

日本にとって最悪のシナリオは、核戦争へのエスカレートです。第4章で述べたように、通常戦力で劣勢に追い込まれた側が戦況を打開するために戦域核兵器を使用する可能性は否定できません。

2023年3月、安全保障の専門家らによる国際プロジェクトが、北東アジアで核兵器が使用される事態を想定したシミュレーションの結果を公表しました。

プロジェクトは、長崎大学の「核兵器廃絶研究センター」と米国のシンクタンク「ノーチラス研究所」などが共同で行ったもので、世界中から30人以上の専門家が参加。北東アジアで核兵器使用に至る可能性のあるシナリオを検討し、そのうち五つについて核兵器が使用された場合の死者数を推計しました。

五つの中で最も大きな被害が想定されたのは、台湾有事で核兵器が使用されるシナリオでした。

通常戦力で敗北が迫っていると確信した中国は、米軍の作戦拠点となっている在日米軍基地などを核弾頭搭載の弾道ミサイル「DF（東風）26」で攻撃。これに対し米国も、低出力の核弾頭「W76－2」を搭載した潜水艦発射型弾道ミサイルで中国本土の核兵器関連施設などに反撃を加えます。

最終的に米中合わせて計24発の核兵器が使用され、死者は数ヵ月の間に260万人に達します。放射線被ばくによる影響は長期間続き、がんなどによってさらに最大83万人が犠牲になるといいます。これは悪夢としか言いようがありません。

台湾有事で米国本土が戦場になる可能性は低いので、米国は抑止に失敗しても戦争に勝てばいいと考えています。しかし、日本は国土が戦場となり、戦争の結果いかんにかかわらず甚大な被害が発生します。日本国民の生命と安全を第一に考えるのであれば、戦争は絶対に起こしてはならないのです。

今後、台湾有事を回避できるかどうかに日本の命運がかかっていると言ってもいいでしょう。本章では、台湾有事のリスクがどこにあるのかを分析した上で、戦争回避の方策について考えます。

米中戦争の危険性はどれくらいあるのか？

2023年11月に100歳で逝去したヘンリー・キッシンジャー元米国務長官は同年5

月に英誌『エコノミスト』に掲載されたインタビューで次のように述べて、米中の軍事衝突によって第三次世界大戦が起きる可能性があると警告しました。

「我々は今、典型的な第一次世界大戦前の状況にある。（米国と中国の）どちらの側にも政治的譲歩の余地があまりなく、均衡がわずかでも崩れれば破滅的な結果を招きかねない」

特に、台湾問題のように双方の「原則」が絡む場合は政治的譲歩が難しく、軍事衝突に至る危険性が高いと指摘しました。

やはりキッシンジャーも、第三次世界大戦の「発火点」になる危険が最も高いのは台湾問題だと考えていたのです。

それでは、台湾をめぐって米中戦争が勃発する可能性は、実際のところどれくらいあるのでしょうか。

米インド太平洋軍の司令官が２０２１年３月、「２０２７年までに中国が台湾に侵攻する可能性がある」と発言したことは第１章ですでに紹介しました。

しかし、この分析は必ずしも米政府内で一致したものではありません。

同年6月17日、米軍トップのマーク・ミリー統合参謀本部議長は米上院歳出委員会の公聴会で、「中国による台湾侵攻が近い将来起きる可能性は低い」と証言しました。

ミリーは「台湾は未だ中国の核心的利益である」としつつも、「中国が台湾全体を掌握する軍事作戦を遂行するだけの本当の能力を持つまでには、まだ道のりは長い」と指摘しました。

ミリーはこの1週間後にも下院軍事委員会の公聴会に出席し、「習近平主席と軍部は(武力による台湾の統一は)コストが利益をはるかに上回っていると計算するだろう。あれだけの人口と防衛能力を備えた大きな島を侵攻し占領するのには、大きなコストがかかることを彼らは知っている」として、侵攻がすぐに起きるとは考えていないと改めて表明しました。

米インド太平洋軍司令官が2027年までに中国が台湾に侵攻する可能性があると発言した理由についても、ミリーは次のように説明しました。

中国は2017年の第19回中国共産党大会において、2035年までに国防と軍隊の近代化を基本的に実現するという目標を設定していました。それに加えて、2020年10月に開かれた党中央委員会全体会議で、中国が「(人民解放軍の)建軍100年」とする2027年までに「機械化・情報化・智能化の融合的発展を加速させる」などの「奮闘目標」

が新たに設定されました。米インド太平洋軍司令官は、この動きを踏まえて、２０２７年までに台湾侵攻が起こり得ると発言したというのです。

ただしミリーは「習近平主席は台湾を占領する能力を開発するための軍の近代化計画を加速するよう求めたが、それは能力のことであり、実際に侵攻や占領を行う意図や意思決定の証拠は今のところ見当たらない」と語りました。

この点については、米国防総省のカール次官（政策担当）も２０２３年2月28日に開かれた下院軍事委員会の公聴会で、「中国の習近平国家主席も人民解放軍も、（台湾侵攻の）準備ができていると考えている兆候は見当たらない」と証言しています。

台湾をめぐり米中の緊張が高まっているのはなぜか

中国は、台湾の「平和的統一」を基本原則としています。ただし、台湾が米国の支援を得て「独立[※1]」しようとした場合などには、武力を使ってそれを阻止する選択肢は放棄しないと明言しています。

２０２２年10月に開かれた第20回中国共産党大会で習近平総書記が行った報告の中でも

※１　台湾問題の文脈で語られる「台湾独立」とは、台湾が中国であることを否定し、台湾を領土とする中国とは別の独立国家になることを意味している。たとえば、国名を現在の「中華民国」から「台湾共和国」に改めるなど。

次のように述べています。

「われわれは、最大の誠意をもって、最大の努力を尽くして平和的統一の未来を実現しようとしているが、決して武力行使の放棄を約束せず、あらゆる必要な措置をとるという選択肢を残す。その対象は外部勢力からの干渉とごく少数の『台湾独立』分裂勢力およびその分裂活動であり、決して広範な台湾同胞に向けたものではない」

一方、当の台湾は今すぐの「独立」は目指していません。

現在の民進党（民主進歩党）政権は、「独立」でも「統一」でもなく「現状維持」、つまり「中華民国」体制を続けていく方針です。

民進党は1991年に改定した綱領で「台湾共和国の建国」を目標に掲げましたが、1999年の党大会でこれは事実上棚上げしました。この方針は現在も変わっていません。

また、米国も「台湾の独立は支持しない」という中国との国交正常化以来の基本方針を堅持しています。

台湾と米国のこの方針が変わらない限り、中国が〝武力行使のレッドライン〟を踏み越えることはなく、台湾海峡で戦争が勃発する可能性は低いと思われます。それにもかかわらず、中国と台湾や米国との間で緊張が高まっているのは、なぜでしょうか。

一つは、2016年に台湾の総統が国民党（中国国民党）の馬英九から民進党の蔡英文に交代して以降、中国が民進党に「台湾独立分裂勢力」というレッテルを貼って軍事的な威嚇を強めているためです。

蔡政権は馬前政権と異なり、中国が台湾との対話の前提としている「1992年コンセンサス」を否定しました。

「1992年コンセンサス」とは、1992年に中国と台湾の窓口機関の間で形成されたとされるものです。中国側はこれを「双方が『一つの中国』原則を確認した」と主張し、台湾側は「『一つの中国』原則の解釈をそれぞれが表明することを確認した」と主張しました。

馬政権はこの解釈の食い違いをそのままにしながら、「1992年コンセンサス」を基礎に中国との対話や交流を進めました。しかし蔡政権は、中国が「1992年コンセンサス」の台湾側の解釈を認めないことなどを理由に、これを前提とした中国との対話を否定しました。これに対して中国は、蔡政権を「一つの中国」原則を否定する「台湾独立分裂勢力」と見なし、軍事的威嚇も含めて圧力を強めたのです。

2024年5月、民進党の頼清徳が新しい総統に就任しました。頼総統も蔡前総統と同様、両岸関係の「現状維持」を掲げていますが、同時に「中華民国と中華人民共和国は互いに隷属しない」（総統就任演説）などと述べて、中国が主張する「一つの中国」原則を否定しています。

これに対し中国政府は、頼総統を「台湾独立派」と非難し、「台湾独立は破滅への道であり、どのような名目や旗印を掲げようと、台湾独立を推し進めようとすることは失敗する運命にある」（外交部報道官）などと述べて牽制しています。

民進党政権が続く限り、中国は台湾に対する圧力を強め、緊張の高止まり状態が続くことが予測されます。

もう一つ、緊張を高める要因となっているのは、トランプ政権以来の米国による台湾への関与の拡大です。

トランプは2016年秋の大統領選で当選すると、大統領や次期大統領としての37年来の慣例を破って台湾の蔡総統と電話で会談。さらに、テレビ局のインタビューに「通商を含めていろいろなことについて中国と取り引きして合意しない限り、どうして『一つの中国』政策に縛られなきゃならないのかわからない」と発言しました。

1972年にニクソン大統領が訪中して以来、米国の歴代政権は、中国が台湾に武力侵攻しない限り、台湾は中国の一部だとする中国の立場に異論を唱えないという立場をとってきました。米国の大統領や次期大統領が台湾の総統と会談を行ってこなかったのも、この「一つの中国」政策に基づくものでした。

トランプは大統領選で当選するやいなや、「一つの中国」政策の放棄を示唆するような行動と発言を行ったのです。

トランプは正式に大統領に就任すると、中国の習近平主席に「一つの中国」政策をこれまでどおり維持すると伝えます。しかしその一方で、台湾に対する武器の売却を急増させます。[※2]

また、議会も2018年3月に「台湾旅行法」を制定し、それまで自制してきた外交や国防分野の政府高官の往来を解禁するなど、台湾への関与を強めます。

こうした米国の動きを、中国は「『一つの中国』原則の空洞化をねらっている」と厳しく批判しました。そして、米国の台湾問題への干渉を牽制するために、台湾海峡での軍事活動をいっそう強めていきました。

米国が台湾への関与を強める動きは、バイデン政権になってからも続いています。バイデン大統領は2021年8月、米ABCニュースのインタビューの中で、「もしNATOの同盟国に侵略があれば、我々は対応すると神聖な約束をしている。これは日本に

※2 オバマ政権では8年間で3回だった台湾への武器売却は、トランプ政権の4年間で11回と急増した。

対しても同じだし、韓国に対しても同じだし、台湾に対しても同じだ」と発言しました。

直後に米政府高官が「米国の台湾政策に変更はない」と政策転換を否定しましたが、この発言は台湾有事への軍事介入を明示していない台湾関係法（第1章に既出）の枠を明らかに逸脱するものでした。バイデン大統領はその後も同様の発言を繰り返しています。

2022年8月には、大統領継承順位第2位の下院議長が台湾を訪問し、蔡総統と会談しました。これに強く反発した中国は、1996年の第三次台湾海峡危機以来となる大規模な軍事演習を台湾周辺で実施しました。これ以後、それまで「暗黙の休戦ライン」であった台湾海峡の中間線を越えて中国軍機が台湾側に侵入する事案が常態化し、偶発的な衝突の危険性も増大しています。

キッシンジャーは、前出のインタビューで「米国が他の地域での立場を損なうことなく台湾を放棄するのは容易なことではない」と語り、中国が台湾に侵攻した場合、米国が台湾を守らないという選択肢は考えにくいと指摘しています。台湾を見捨てたら、世界中の同盟国の米国への信頼が失墜し、他の地域での米国の立場も危うくするというのです。

米国と中国は台湾をめぐって互いに一歩も引けない危険なチキンレースに突入しているように見えます。

「計算違い」による米中戦争のリスク

しかし、米国も中国も、けっして戦争は望んでいません。

米国と中国が戦争になれば、双方とも甚大な人的・物的被害が避けられず、核戦争という最悪の結果を招く可能性も否定できません。経済的にも、双方とも深刻なダメージを負うことは必至です。予測される結果を冷静に考えれば、戦争という選択肢は出てこないでしょう。

実際、バイデン大統領と習近平主席は、戦争の回避がそれぞれの国のリーダーとしての責任だと繰り返し述べています。

２０２３年11月に米国で行われた首脳会談でバイデン大統領は「両国は責任を持って競争を管理し、競争が直接の衝突に陥らないようにしなければならない」と語り、習主席も「戦争や対決は双方に耐えられない結果をもたらす」として「相互尊重、平和共存、ウィンウィンの協力」を求めました。

少し前になりますが、２０２１年６月６日の読売新聞朝刊に米中関係に関する非常に示唆に富む論稿が掲載されました。執筆者は、米国の著名な国際政治学者で米国務副次官や国防次官補を務めた経験も持つジョセフ・ナイ（ハーバード大学教授）です。

ナイは「米中関係も既存の覇権国（米国）と伸びゆく強力な挑戦者（中国）による紛争の

段階に入りつつある、と信じている人たちがいる」と指摘した上で、「筆者は、それほど悲観的ではない」と述べています。「米中間には経済と環境の面で相互依存関係があるため、『冷戦』に至る可能性は低くなっている。ましてや、『熱戦』が火を噴くことは考えにくい。米中双方とも、いくつもの分野で協力していきたい動機があるからだ」と言います。

しかし、論稿の主題は「米中戦争勃発の危険性」です。ナイが警鐘を鳴らすのは、「計算違い」による衝突です。

ナイは起こり得る「計算違い」として、中国が米国の力を過小評価してリスクの高い行動に出るケースや、米国が中国の力を過大評価し、行き過ぎた恐怖心から過剰な行動に出るケースを挙げています。そして、論稿の最後を次のような至言で結んでいます。

「米中双方が、計算違いに注意しなければならない。我々が直面する最大のリスクはしばしば、我々自身の失敗の可能性なのだ」

実際、人類の歴史を振り返ってみると、第一次世界大戦がまさにそうだったように、合理的に考えれば起きる可能性が低いと思われる戦争が「計算違い」によって何度も引き起こされてきました。これこそが米中戦争を引き起こす最大のリスクとのナイの見解に私も完全に同意します。

「安全保障のジレンマ」に陥らないために

繰り返しになりますが、日本が戦場になり、核戦争を引き起こす危険もある米中戦争だけは絶対に回避しなければなりません。

日米両政府は軍備を増強することによって中国の台湾侵攻を抑止し、戦争を予防するというスタンスです。

私も、自衛のための必要最小限の軍備は必要だと考えています。しかし、軍備増強には抑止力を高めるという「効能」だけでなく、重大な「副作用」もあるという事実を忘れてはなりません。

中国の台湾侵攻を抑止する目的で日米や台湾が軍備を増強すれば、台湾の独立と米国の干渉を絶対に認めないと主張している中国もこれに対抗して軍備を増強します。際限のない軍拡競争となり、軍事的緊張は高まるばかりです。軍事的緊張が高まれば、ナイが警鐘を鳴らす「計算違いによる衝突」のリスクも増大します。

このように、抑止力を高めるための軍備強化がかえって戦争のリスクを増大させてしまう事象を、「安全保障のジレンマ」と呼びます。

安全保障のジレンマに陥らないためには、軍備増強の副作用にもしっかりと目を向ける必要があります。抑止力強化一辺倒になるのではなく、外交によって緊張を緩和し、衝突を予防する努力が重要です。

薬も、効能だけ見て副作用を無視して過剰に服用すれば、命取りになります。安全保障についても同じことが言えます。今の日本の安全保障政策は、軍事力の抑止力の側面を絶対視し、軍事的緊張を高めるという副作用を無視しているように見えます。抑止力強化一辺倒の安全保障政策は、現実を直視したリアリズムとは言えません。

また、抑止力強化一辺倒の安全保障政策は日本の財政状況から見ても現実的ではありません。

中国と際限のない軍拡競争を繰り広げることになれば、防衛費はどんどん膨れ上がっていきます。日本政府は2027年度までに防衛費をGDPの2%まで増やす方針ですが、それでは済まない可能性もあります。実際、米国の安全保障専門家からは、日本は防衛費をGDPの3%まで増やすべきだという主張が早くも出ています。

すでに日本の国債発行残高は1000兆円を超え、GDPに対する政府債務残高の比率は250%超とG7の中で断トツに最悪な状況となっています。

この上さらに防衛費が膨らんでいけば、仮に抑止がうまくいって戦争にならなかったとしても、財政が破綻し経済的な危機に陥るおそれがあります。

そうならないためにも、緊張を緩和し、軍拡競争を抑制するための外交が重要です。

米中対立の克服目指すＡＳＥＡＮの仲介外交

すでに外交によって米中の緊張緩和を図り、戦争を予防しようと努力している国家グループがあります。

東南アジア10ヵ国（近く東ティモールも加盟して11ヵ国になる見込み）から成るＡＳＥＡＮ（東南アジア諸国連合）です。

ＡＳＥＡＮは２０１９年６月にタイ・バンコクで開いた首脳会議で、「インド太平洋に関するＡＳＥＡＮアウトルック（ＡＯＩＰ）」という構想を採択しました。

同構想が目指すのは、「対抗ではなく対話と協力のインド太平洋地域」の実現です。

そのために、「数十年にわたり包摂的な地域協力の枠組みの構築に携わってきたＡＳＥＡＮが集団的なリーダーシップを発揮し、中心的な役割を果たし続ける」「利害が競合する戦略的環境の中で誠実な仲介者であり続ける」と強調しています。

この構想の策定を主導したインドネシアのルトノ外相は、米中対立を念頭に「大国間の競争の克服が目的だ」と強調しました。米中関係を「対抗」から「対話と協力」に促し

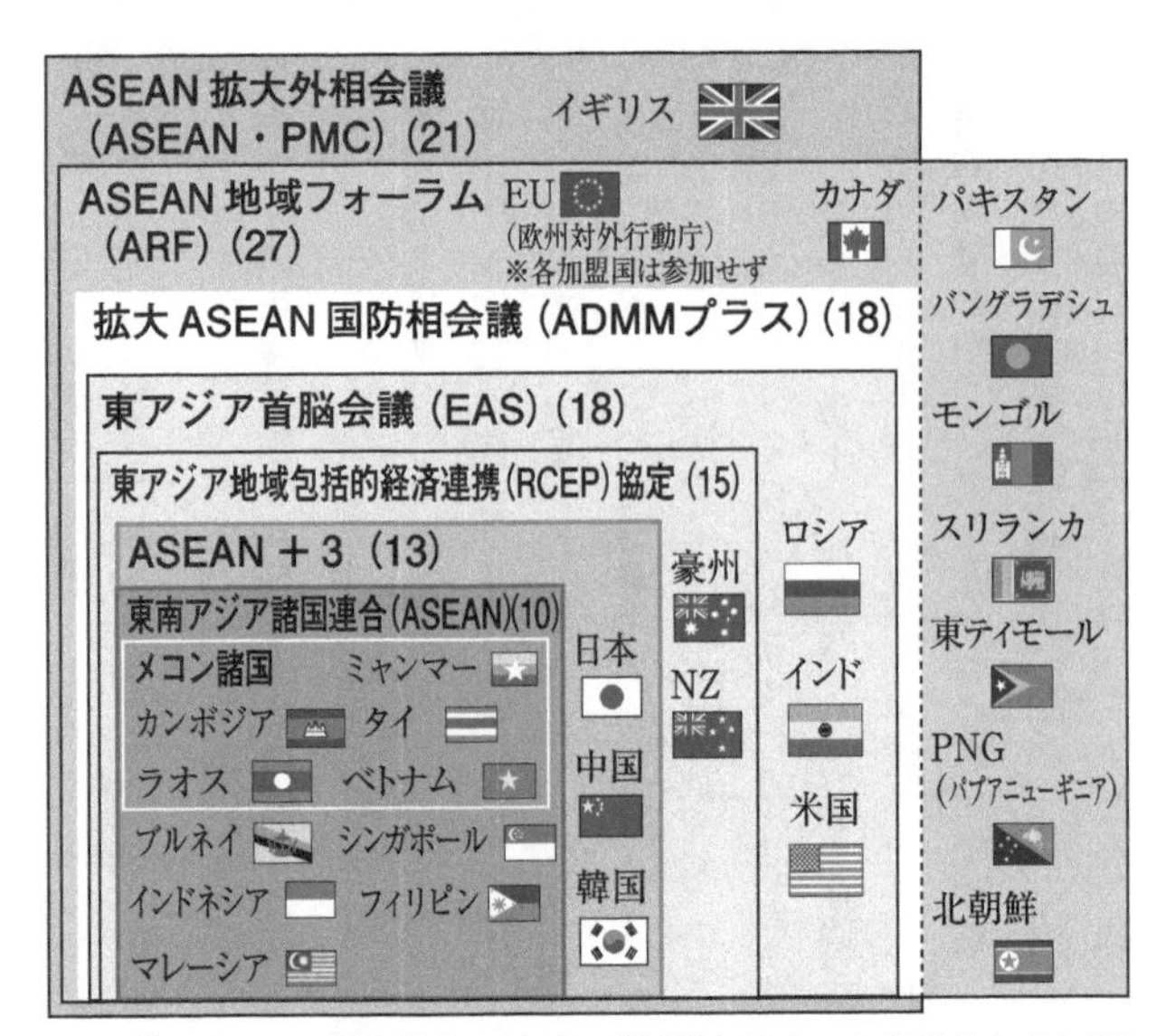

図6-1　ASEANが主導する地域の「対話と協力」の枠組みと参加国
外務省ウェブサイトを基に作成

ていくために、積極的に仲介者の役割を果たすと内外に宣言したのです。

同構想に記されているように、ASEANは数十年にわたり、どの国も敵視・排除しない包摂的な地域協力の枠組みの構築を進めてきました。

代表的なものは、1994年から毎年開催している「ASEAN地域フォーラム（ARF）」です。

対話を通じて緊張緩和と信頼醸成を図り、紛争を予防することを目的としたフォーラムで、ASEAN加盟国だけでなく、米国、中国、ロシアを含むインド太平洋地域の国々も招いて開催しています。

ARFは閣僚級や事務レベルのフォーラムですが、2005年からは首脳同士が地域協力について話し合う「東アジア首脳会議（EAS）」も開催しています。米国、中国、ロシアは、これにも参加しています。

ASEANはこうしたさまざまな枠組みを通じて加盟国だけでなく域外の大国も巻き込み、対話と協力を通じた信頼醸成と紛争予防を図ってきました。

ベトナム戦争終結をきっかけに冷戦思考から脱却

ASEANは1967年に、インドネシア、タイ、マレーシア、フィリピン、シンガポールの5ヵ国で発足しました。いずれも非共産圏の国で、当初は共産主義の拡大を防ぐための地域協力機構という側面がありました。

当時はベトナム戦争の真っ只中でした。

第一次インドシナ戦争（1945〜1954）の結果、ベトナムは独立運動の指導者ホー・チ・ミンが率いる社会主義国ベトナム民主共和国（北ベトナム）と米国が支援するベトナム共和国（南ベトナム）に分断されます。

米国は南ベトナムを、東南アジアにおける共産主義の防壁と位置付けました。しかし、第一次インドシナ戦争の終結後も、南ベトナムでは共産主義勢力が「南ベトナム解放民族戦線」というグループをつくり、北ベトナムとの統一を求めてゲリラ活動を展開。北ベトナムの支援を受けた同グループと南ベトナム政府軍の戦闘が激化する中、米国は１９６５年から本格的に軍事介入します。

ベトナム戦争は、南ベトナムを米国とその同盟国（韓国、オーストラリア、タイ、フィリピン、ニュージーランド、台湾など）が支援し、北ベトナムをソ連、中国、北朝鮮などの社会主義国が支援する構図で行われ、インドシナ半島全域に拡大します。最終的に米国は撤退に追い込まれ、１９７５年、南ベトナム政府が崩壊して戦争が終わります。

ベトナム戦争の結果、インドシナ半島のベトナム、ラオス、カンボジアは、いずれも共産党が政権を担う国となります。

この状況を受けて、ＡＳＥＡＮ諸国はこれらの国々を敵視し軍事力で封じ込めるのではなく、平和的に共存する道を目指していくようになります。

その最初の一歩は、反共軍事同盟であった「東南アジア条約機構（ＳＥＡＴＯ）」の解体でした。

米国、イギリス、フランス、タイ、フィリピン、オーストラリア、ニュージーランド、パキスタンの８ヵ国は１９５４年、東南アジアにおける共産主義勢力の侵略から集団的に防衛することを目的とする「東南アジア集団防衛条約」を締結していました。ＳＥＡＴＯは同条約に基づいて設立された機構です。

この条約によってベトナム戦争に動員されたタイとフィリピンは、終戦後にＳＥＡＴＯを段階的に解体する方針で合意します（１９７７年に解体）。

さらに、タイ政府はインドシナ諸国との関係上、米軍の駐留は有害だとして、駐タイ米軍の完全撤退を米国に要求します（１９７６年に完全撤退）。

こうした動きのなか、１９７６年２月、ＡＳＥＡＮ発足以来初となる首脳会議がインドネシアのバリ島で開かれます。

そこでＡＳＥＡＮは、社会主義国となったインドシナ諸国に対して平和的協力関係の構築を呼びかけます。そして、「主権と領土の尊重」「内政不干渉」「紛争の平和的解決」などを基本原則とする「東南アジア友好協力条約（ＴＡＣ）」を採択します。条約には「他の東南アジア諸国の加入のために開放される」と明記し、社会主義国を敵視・排除しない姿勢を示しました。

つまり、共産圏に対抗するという冷戦思考から抜け出し、社会主義国とも平和的に共存する道を選択したのです。

「東西対立の最前線」から「平和共存の発信源」へ

残念ながら、インドシナ半島ではその後もベトナムのカンボジア侵攻や中国のベトナム侵攻（中越戦争）などが続き、すべての国が平和的に共存する東南アジアはなかなか実現しませんでした。

しかし、１９９０年代前半にインドシナ半島での紛争が収束すると、同半島の国々が相次いでＡＳＥＡＮと東南アジア友好協力条約の加盟国となり、文字どおり「平和共存」が体制の違いを超えて地域の共通理念となりました。

その後は、前述のとおり、ＡＳＥＡＮ地域フォーラム（ＡＲＦ）や東アジア首脳会議（ＥＡＳ）など対話によって信頼醸成と紛争予防を図る活動を、東南アジアの域外国も巻き込んで積極的に推進しています。

南シナ海における領有権の問題でも、対話によって戦争を回避する努力を粘り強く続けてきました。１９９２年に「南シナ海に関するＡＳＥＡＮ宣言」を採択し、領有権問題の平和的解決、敵対的行動の自制、海洋汚染防止や捜索救難活動での協力の推進などを南シナ海における各国の行動原則として定めました。そして、中国とも対話を重ね、２００２年には「南シナ海に関する関係国の行動宣言」に中国とＡＳＥＡＮが署名して同様の原則を確認しました。行動宣言には法的拘束力がないため、現在は法的拘束力のある「行動規範」の策定に向けて交渉を進めています。

こうした外交も中国の南シナ海における一方的な現状変更の動きを止めるには至っていませんが、それでも１９９０年代以降、南シナ海で一度も武力衝突が発生していないのは紛争予防外交の重要な成果です。

「東南アジアはアジアの〝バルカン半島〟として、分裂と紛争の発信源だったが、いまや地球規模の紛争を平和的に解決する発信源の一つに浮上した」――これは、２０１５年にマレーシアでＡＳＥＡＮ首脳会議が開催された時の同国首相の発言です。まさにこの言葉どおり、ＡＳＥＡＮは、かつての「東西対立の最前線」から「平和共存の発信源」に大きく生まれ変わったと言ってもいいでしょう。

東南アジア友好協力条約は域外国にも開放され、２０２４年5月現在、53ヵ国と１地域機構（ＥＵ）が加盟しています。日本、米国、中国はいずれも加盟国です。

米中対立を克服し、どこの国も敵視・排除しない包摂的な国際秩序の実現を目指すＡＯＩＰ構想は、こうした半世紀近いＡＳＥＡＮの平和共存に向けた努力の上に生まれたのです。

もちろん、ＡＳＥＡＮにも多くの課題があります。２０２１年にミャンマーで発生した軍事クーデターとその後の国軍による市民への弾圧・虐殺への対応では、ＡＳＥＡＮの「内政不干渉」「コンセンサス（全会一致）」原則との兼ね合いで、なかなか実効性のある協調行動がとれないでいます。

ミャンマー国軍による市民への弾圧・虐殺は断じて許されません。１９９３年の世界人権会議で採択された宣言文書（ウィーン宣言）は「すべての人権の促進及び保護は国際社会の正当な関心事項である」と明記しています。他国で起きている人権侵害について国際社会は無関心であってはならないのです。

マレーシアなどＡＳＥＡＮの一部の国は市民への弾圧・虐殺を行うミャンマー国軍に対してより強力な措置を講じるよう求めていますが、なかなかコンセンサスが得られません。この問題は、ＡＳＥＡＮにとって大きな悩みの種となっています。

しかし、少なくとも国家間の戦争を予防するという点では、包摂的な平和共存の理念を共有し、対話によって緊張緩和と信頼醸成を図るというＡＳＥＡＮのアプローチは効果を上げてきました。

多様な民族、宗教、文化が入り混じり、領土問題も多数存在する東南アジアで30年以上、国家間の本格的な戦争が起きていない事実がそれを証明しています。

グローバルサウスの台頭と新たな可能性

日本では、大国間競争を克服して協調的な国際秩序の形成を目指すＡＳＥＡＮのＡＯＩ

P構想を「理想論」と冷ややかに見る識者も少なくありません。現実の国際政治は大国間のパワー・ゲームを中心に動いている、という見方が根強く存在しています。

しかし、パワー・ゲームを繰り広げている米中もＡＳＥＡＮを無視できなくなっているのが、今の国際情勢の面白いところです。

米国は日本などの同盟国と共に「自由で開かれたインド太平洋（ＦＯＩＰ）」構想を、中国は「一帯一路」構想を掲げ、インド太平洋地域における影響力を競い合っています。そんな中、米国と中国はＡＳＥＡＮを少しでも自分たちの側に引きつけようと、共にＡＯＩＰへの支持を表明しています。

２０２２年11月、バイデン大統領はＡＳＥＡＮ首脳との会議で、「ＡＳＥＡＮは我が政権のインド太平洋戦略における中心にあり、力をつけ統一されたＡＳＥＡＮと歩調を合わせて働くというコミットメントを引き続き強化する」と述べ、ＡＳＥＡＮとの連携の重要性を強調しました。

バイデン政権が同年に策定した国家安全保障戦略には次の一節があります。


世界の一部には、米国と世界最大の独裁国家（中国）との競争に不安を抱く国々がある。我々はこうした懸念を理解している。我々は、競争がエスカレートして硬直したブロック対立の世界になることを避けたい。私たちは戦争や新たな冷戦を望んでいるわけではない。

これも、明らかにＡＳＥＡＮの主張を意識したものです。

中国政府は２０２２年８月、対ＡＳＥＡＮ外交の基本的立場を示すポジションペーパーを発表しました。この中で次のように述べています。

中国はＡＳＥＡＮを平和、自由、中立の地域として認識し、尊重する。ＡＳＥＡＮに対してこれまでにどちらかの側につくよう求めたことはなく、今後もそうするつもりはない。（中略）中国はＡＳＥＡＮと協力して開放性、包摂性、ウィンウィンの協力を堅持し、ＡＯＩＰの四つの優先分野で実際的な協力を推進する。

米中双方がこうした意思表示を行っている事実は、ＡＳＥＡＮの主張がすでに米中両国の政策に影響を与え、米中対立の抑制に寄与していることを示しています。

ある国の議会で第一党と第二党の議席数が拮抗している場合、議席の少ない第三党がキャスティングボートを握ることがあります。ＡＳＥＡＮはパワーでは米国や中国に太刀打ちできませんが、米国も中国もＡＳＥＡＮとの連携を必要としている状況を逆手にとり、インド太平洋地域の地政学の鍵を握りつつあるのです。

しかし、ＡＳＥＡＮ自身に一定のパワーがなければ、大国相手にこのような影響力を発揮することはできません。ＡＳＥＡＮ外交を支える最大のパワーは経済力です。

ＡＳＥＡＮ全体のＧＤＰはこの20年間（２００３〜２０２２）で5倍以上に増え、２０２６年には日本を追い抜き、２０３０年には米国、中国、インドに次ぐ世界第４位の規模になると見込まれています。

ＡＳＥＡＮだけではありません。これまで「途上国」と呼ばれてきた国々が経済成長し、国際的な力関係が大きく変わっているのです。

１９７０年代につくられた「Ｇ７」という枠組みがあります。西側陣営で経済力の強い米国、英国、フランス、ドイツ、日本、イタリア、カナダの首脳が毎年集まり、世界のさまざまな課題について話し合っています。

１９８０年代後半には、この7ヵ国だけで世界のＧＤＰ（名目）の7割近くを占めていました。この圧倒的な力を背景に、自分たちの利益に適う形で国際秩序を形成していたのです。

ところが、Ｇ７が世界のＧＤＰに占める割合は現在、４割台前半にまで落ちています。

一方、途上国が世界のGDPに占める割合は、1990年代前半には2割台だったのが、現在は4割台とG7に匹敵する規模になっています。

2075年には、GDPの世界上位10ヵ国中6ヵ国が、これまで途上国と呼ばれてきた国（インド、インドネシア、ナイジェリア、パキスタン、エジプト、ブラジル）になるという予測もあります（ゴールドマン・サックス社「グローバル・ペーパー2075年への道筋」）。

こうした数字は、世界が多極化している事実を示しています。もはやG7など一部の大国だけでは国際秩序を形成できなくなりつつあります。G7および欧州連合（EU）に、アルゼンチン、オーストラリア、ブラジル、中国、インド、インドネシア、メキシコ、韓国、ロシア、サウジアラビア、南アフリカ、トルコ、アフリカ連合（AU）を加えた「G20」の枠組みが存在感を増しているのも、そのためです。

途上国は近年、「グローバルサウス」と呼ばれるようになっています。

2023年1月、インド政府が主催して「グローバルサウスの声サミット」がオンラインで開催され、125ヵ国が参加しました。会議の中でインドのモディ首相は次のように発言しました。

「20世紀は先進国が世界経済の牽引役だった。現在、先進国のほとんどが減速してい

順位	2050年	2075年
1	中国	中国
2	米国	インド
3	インド	米国
4	インドネシア	インドネシア
5	ドイツ	ナイジェリア
6	日本	パキスタン
7	英国	エジプト
8	ブラジル	ブラジル
9	フランス	ドイツ
10	ロシア	英国

図6-2　名目GDP世界上位10ヵ国の将来予測

ゴールドマン・サックス社の予測を基に作成

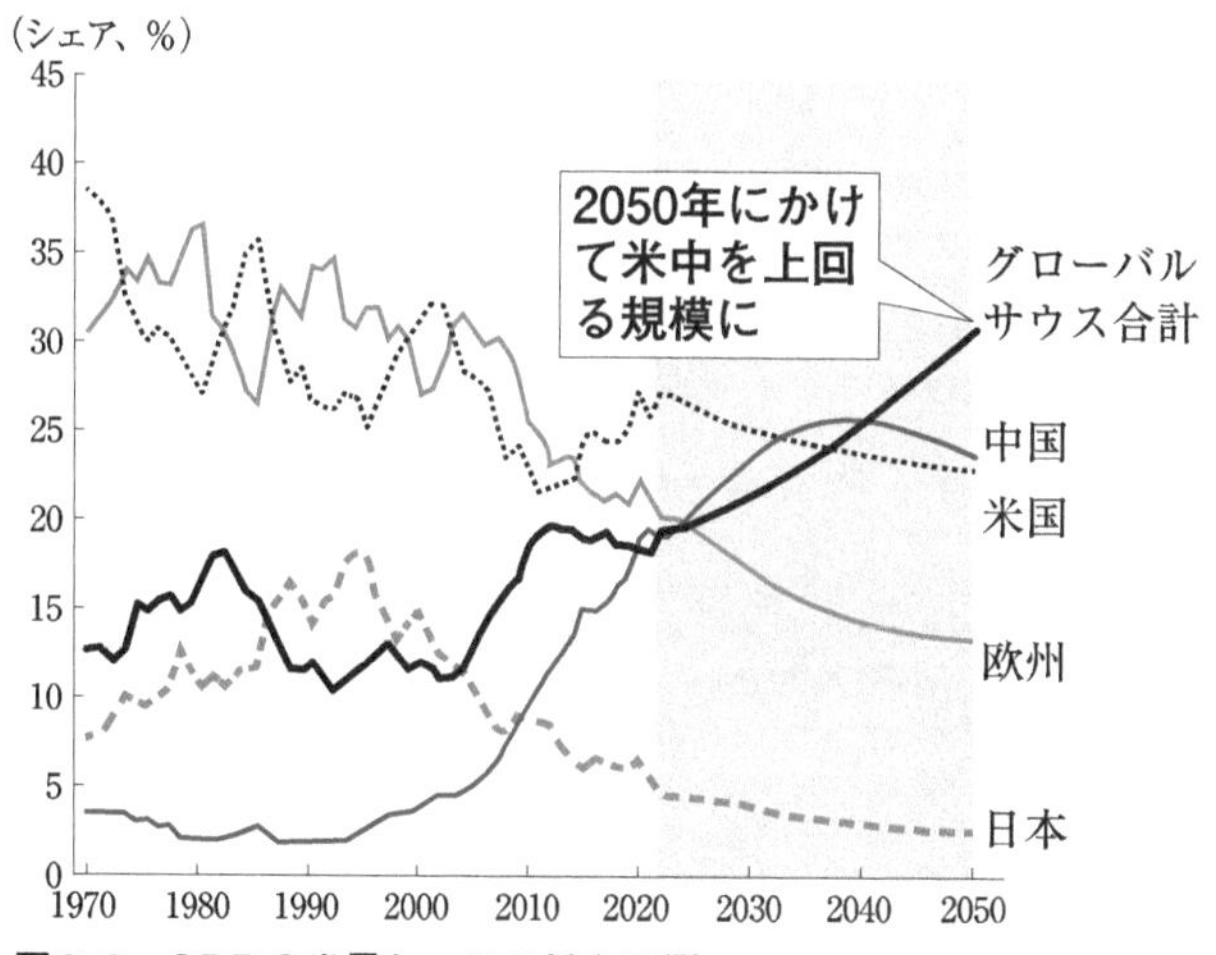

図6-3　GDPの世界シェアの将来予測

三菱総合研究所の予測を基に作成

る。21世紀には世界の成長が南からもたらされるのは明白である。我々が力を合わせれば、グローバルなアジェンダを設定することができる」

米国をはじめ先進国の力が相対的に低下した結果、グローバルサウスの国々が力を合わせれば国際秩序の形成にコミットできる時代になっているのです。

これは、ＡＳＥＡＮのＡＯＩＰが目指す「対話と協力」に基づく包摂的な国際秩序の実現可能性が広がっていることを意味しています。

米国と中国が覇権を争うインド太平洋地域において、ＡＳＥＡＮがもっと力を強めて「第三の極」となれば、多極化した国際秩序の中心地になる可能性を秘めています。

日本は専守防衛を貫き、ＡＳＥＡＮと連携して仲介外交を

そこで鍵を握るのは日本だと私は考えています。

ＧＤＰ世界第4位の日本と第6位のＡＳＥＡＮがタッグを組めば、「第三極」として米中両国の政策にもっと大きな影響を与えられるようになります。

しかし、日本がＡＳＥＡＮと連携して米中対立の克服を目指す外交を積極的に展開していくためには、米国に追従して中国を「仮想敵」のように扱う外交安全保障は改める必要があります。

日中両国は2008年に開かれた福田康夫首相と胡錦濤主席の首脳会談で、「長期にわたる平和及び友好のための協力が日中両国にとって唯一の選択である」との認識で一致し、「戦略的互恵関係」を包括的に推進することで合意しました。双方は、「互いに協力のパートナーであり、互いに脅威とならないこと」も確認しました(「『戦略的互恵関係』の包括的推進に関する日中共同声明」)。

2018年に開かれた安倍晋三首相と李克強(りこくきょう)首相との首脳会談でも、隣国として互いに脅威とならない原則を改めて確認しました。

日本が米中間の緊張緩和・対立克服の仲介者の役割を果たすためには、中国に攻撃的な「矛」を向けるようなことは控えなければなりません。日本自身が中国本土を攻撃可能な長射程ミサイルを持ったり、米国の長射程ミサイルの日本への配備を認めたりすれば、中国にとっては脅威となり、仲介者の役割は果たせなくなります。米国の核兵器持ち込みを認めたり、NATOのような「核共有」制度を導入するのも、NGです。

もちろん、中国に対して言うべきことは言わなければなりません。台湾問題は基本的に中国の国内問題というのが日本政府の公式の立場ですが、台湾の人々の意思や人権を無視して武力で統一を強行するようなことはあってはなりません。台湾問題も、尖閣諸島や南シナ海をめぐる領有権問題も、あくまで平和的に解決するよう繰り返し求めていくべきです。こうした外交を進めていく上でも、「抑止」を名目とした過剰な軍備増強は控える必要があります。

日本は「専守防衛」と「非核三原則」を貫き、保持する軍事力は領土・領空・領海の防衛に必要な最小限のレベルにとどめた上で、ＡＳＥＡＮと連携して米中対立を克服し、平和共存の理念に基づく包摂的な国際秩序を形成する外交に全力を尽くす――これが日本の進むべき道だと私は確信しています。

自主外交でアジアの平和に貢献した日中国交正常化

ここで思い起こしたいのは、１９７０年代の日本外交です。

１９７２年９月、田中角栄内閣は中国と国交を樹立（正常化）しました。同年２月に米国のニクソン大統領が電撃訪中して米中関係の改善に踏み出していたとはいえ、米国は同盟国の台湾と断交してまで中国と国交を結ぶのは時期尚早と考えていました。そのため、日本が米国に先駆けて中国と国交を結ぼうとしていることを知った時には不快感を露わにしました。

当時の米側の公文書には、キッシンジャー国家安全保障担当大統領補佐官が米政府内の会議で「あらゆる裏切り者の中でも、ジャップが最悪だ」と発言し、怒りをぶつけていた事実が記録されています。

対米関係が一時的に悪化するリスクもありましたが、田中首相は国民世論の強い支持※3を背景に中国との国交正常化を敢行しました。

中国から帰国した田中首相は、テレビカメラを前に国民に向けてこう挨拶しました。

「ただ今、中国訪問から帰って参りました。（中略）日中国交正常化は、日中両国民の長い間の願いであり、アジアの平和の基礎を作るものであります。この課題は、今日の国際情勢、ひいては大きな歴史の流れの中でとらえ、いつか、誰かが果たさなければならない仕事であったと信じます」

この言葉どおり、日中国交正常化は結果的にアジアの平和に大きく貢献することになります。

※3　田中内閣が発足する半年前の1972年1月に朝日新聞が実施した世論調査では、中国との国交正常化を「できるだけ早く」行うべきだと回答した人が59％に達し、「急ぐ必要はない」の22％を大きく上回った（朝日新聞、1972年1月3日朝刊）。こうした国民世論の強い支持があったため、米国政府は表立って日中国交正常化に反対することはできなかった。

約6年後の1979年、日本の対中外交に背中を押される形で、米国もついに中国との国交正常化に踏み切るのです。

日中国交正常化以降、日中間の貿易額は7年間で6倍に増加していました。これに強い危機感を抱いたのが、米国の経済界でした。将来的に大きな成長が期待できる中国市場で日本に先を越されている現実に焦りを募らせ、米国も早く中国と国交を結ぶよう政府を突き上げたのです。

米国が中国と国交を正常化したのは、日本が中国と平和友好条約を締結した4ヵ月後のことでした。

そして、米中国交正常化によって台湾海峡の軍事的緊張は劇的に緩和します。

国交正常化にあたり米国は、台湾と断交し、米華相互防衛条約の終了を通告します。これに基づき、台湾に駐留していた米軍も撤退させます。

中国も「台湾同胞に告げる書」を発表し、1958年の第二次台湾海峡危機以降散発的に続けてきた金門島に対する砲撃を停止し、台湾の統一は原則として平和的に行う方針に転換します。

つまり、米中が互いに矛を収め、脅威を減らす方向で国交を樹立したのです。中国と台湾の間には対話や停戦の合意はありませんでしたが、米中の国交正常化により台湾海峡に平和がもたらされたのでした。

この時から今日まで約45年間にわたり、台湾海峡では一度も武力衝突は起きていません。

1972年の田中首相の決断は一時的には米国の怒りを買ったかもしれませんが、結果的に米中の緊張緩和と東アジアの平和に大きく貢献したのです。

写真6-2　日中共同声明に調印、文書を交換する中国の周恩来首相（右）と田中角栄首相＝1972年9月29日、北京　出典：共同

米中国交正常化当時の外相・園田直（すなお）は、国会で米中双方から相談を受けていたと明かし、次のように話しました。

「中国の指導者の方からも米国の方からも、米中正常化についてはそれぞれ日本の意見なり、あるいは正常化するについてどのような方向に進むべきかという御意見はしばしば聞かれておりまして、私は両国に対していささかなりとも今度の正常化については日本が仲介の微力を尽くしたと、こう考えております」

（1978年12月21日、参議院決算委員会）

日本はまさに、米中の間に入って立派に「仲介者」の役割を果たしたのでした。

日中国交正常化を実現した田中首相は、自身の金脈問題によって1974年に辞職に追い込まれます。その後、全日空の旅客機購入をめぐり首相時代に米ロッキード社から多額の賄賂を受け取った容疑などで逮捕され、有罪となります。

そのため、田中角栄といえばロッキード事件のダーティーなイメージを思い浮かべる人が多いと思います。しかし、同氏が成し遂げた日中国交正常化が東アジアの平和に大きく貢献した事実は消えることはありません。

1970年代の日本の自主外交は、アジアのなかで日本が果たすべき役割を指し示していると思います。

独立自尊の精神で冷戦の克服を目指した石橋湛山（たんざん）

最終的に田中角栄が成し遂げた日中国交正常化でしたが、それまで粘り強く井戸を掘り続けた先人がいました。

その一人が石橋湛山です。

田中角栄は国交正常化のために中国を訪問する直前、東京・中落合の石橋邸を訪れ、病床にあった88歳の湛山の手を握りしめて「先生、私は今から北京に行ってきますよ」と報告したといいます。

湛山は戦前、東洋経済新報社の記者として、植民地放棄論・小日本主義を唱えたことで知られています。

日本が植民地を拡張していけば、いずれ米国と衝突するのは避けられず、それは日本の国益に反する。植民地など持たずにアジア諸国とも米国とも友好関係を維持し、貿易を促進した方が日本の利益になる。大日本主義の幻想を捨てて、小日本主義でやっていくべき――湛山は日本が中国への侵略を開始する前の１９２０年代に、こう主張したのでした。

しかし、日清戦争と日露戦争に勝利して台湾と南樺太を手に入れ、その後朝鮮半島も植民地とした当時の日本では、湛山の主張に耳を傾ける人は少数でした。結局、日本は中国や東南アジアをも侵略し、湛山が予想したとおり、米国と勝ち目のない戦争をすることになってしまいました。

戦後、湛山はジャーナリストから政治家に転身します。

政治家として特に力を入れたのは、中国との貿易の促進でした。湛山は、世界各国との自由貿易によって戦後の経済復興を進めるビジョンを描いていました。ところが、東西冷戦によって世界は分断され、米国は西側諸国に対して東側の共産圏の国々との貿易を制限するよう求めました。

湛山は、米国だけに依存する経済復興には反対でした。米国だけに依存すれば、日本の真の独立は実現しないと考えていたからでした。米国の方針に抗って中国との貿易を促進しようとしたのは、日本の独立のためでもありました。

1954年に鳩山一郎内閣が誕生すると、湛山は通商産業大臣（現・経済産業大臣）に就任します。鳩山内閣は、米国との協調関係を基軸としつつ、ソ連や中国とも友好的な善隣関係を構築する「自主外交」の方針を掲げます。米国政府は対日援助計画の見直しをちらつかせながらソ連や中国との接近を牽制しましたが、鳩山首相はソ連との国交正常化を、湛山は中国との通商関係の強化を進めました。

鳩山首相は、ソ連との国交正常化を実現した後に内閣総辞職します。これを受けて1956年の年末に実施された自民党総裁選に湛山は立候補し、本命視されていた岸信介をわずか7票差で破って首相に就任します。

湛山は鳩山内閣の「自主外交」方針を継承し、中国との国交正常化も視野に、通商関係のさらなる強化を進めようとしました。ところが、不運なことに首相就任の1ヵ月後に脳血栓で倒れ、最終的には在任65日での辞職を余儀なくされます。

湛山の後に首相となったのは、岸信介でした。岸は米国と共に共産主義陣営に対抗していく姿勢を鮮明にし、台湾の蔣介石（しょうかいせき）政府の「大陸反攻」政策（中国大陸を武力で奪還する政策のこと）への支持も表明。さらに、中国を国家承認していないことを理由に通商代表部に対して中国国旗掲揚を認めない姿勢をとったため、中国政府は日本との貿易を打ち切りました。それまで湛山らが構築してきた中国との関係は、一気に壊されてしまいました。

写真6-3　中国の周恩来首相（左）と北京で会談する石橋湛山＝1959年9月　出典：毎日新聞社

そこで湛山は、中国との関係を修復すべく、大胆な行動に出ます。中国の周恩来首相に手紙を送り、会談を申し入れたのです。

会談は1959年9月に実現し、両者は日中関係の改善と国交正常化に向けて協力する意思を共同コミュニケで表明しました。

湛山は、関係修復のための「ご機嫌取り」をしに中国まで足を運んだわけではありませんでした。

湛山の頭の中には、ある壮大な構想がありました。

それは、日本、米国、中国、ソ連の4ヵ国で「平和同盟」をつくり、東西冷戦を終わらせるというものでした。これを周恩来に直接提案しようとしたのです。周からは「原則的に支持する」という表明があったといいます。

当時は、ソ連のフルシチョフ首相が共産主義陣営と資本主義陣営の平和共存を提唱し、ソ連の副首相と米国の副大統領が相互訪問するなど、米国とソ連の間では関係改善の兆しが見られていました。こうした動きを見て湛山は、「日中米ソ平和同盟」の提唱を決意したのです。

しかし、現実政治の世界で、この構想が実現可能性のあるものとして受け止められることはありませんでした。日本が仲介役となって米国と中国、ソ連との対立を克服し、東西の和合を実現するというのが湛山の構想でしたが、さすがに当時の日本にはそこまでの影響力はありませんでした。

すぐに実現が難しいのは、湛山自身、百も承知でした。でも、日本が生きていく道はこれしかないと考えていました。

岸信介首相が1960年1月に署名した新日米安全保障条約の批准をめぐって国会が大紛糾していた頃、湛山はマスコミの取材に応えて次のように語っています。

「米ソにはさまった日本のような国では平和と安全を守るためには東西間の緊張増大をできるだけ避けるようにする以外生きる道がないのに東西の関係は悪化し、日本は一方の陣営にばかり深入りしていく。もちろん世界のなかで日本にもっとも好意的なのは米国であり、対米協調は必要だが、一番大切なのは日本自体の安全と平和であり、対米一辺倒は危険だ」

（朝日新聞、1960年5月20日夕刊）

湛山のこの指摘は、現在の日本にもそのまま当てはまります。米国と中国にはさまった日本の平和と安全を守るためには、米中間の緊張増大をできるだけ避けるようにする以外、生きる道はありません。対米協調は必要ですが、対米一辺倒は危険です。米中間の緊張を緩和し、対立を克服するための自主外交が今ほど求められている時はありません。

しかも、湛山の時代と決定的に違うのは、今はASEANという心強いパートナーがいることです。すでに述べたように、日本とASEANでタッグを組んで仲介役を務めれば、米国も中国も無視できないでしょう。

条件は、湛山の時代よりも、はるかに整っています。しかし、一つだけ足りないものがあります。

それは、独立自尊の精神です。

湛山は戦前も戦後も、権威におもねらず、徹頭徹尾自分の頭で考え、進むべき道を自己決定していました。

ＡＳＥＡＮもベトナム戦争終結後、社会主義国家を敵視・対抗する冷戦思考から抜け出し、平和共存を目指す道を自ら選択しました。大国間競争を克服し、対抗ではなく対話と協力のインド太平洋地域を目指すＡＯＩＰの策定を主導したインドネシアのルトノ外相は、２０２２年９月に国連総会で行った演説の中で「私たちは新たな冷戦の駒になることを拒否する」と明言しました。

こうした独立自尊の精神こそ自主外交の基盤となるものです。しかし、日本の政治は「対米従属」の下での安住に慣れきって、こうした独立自尊の精神をいつの間にか失ってしまったように見えます。私たちがこれを取り戻せるかどうかに日本の未来がかかっていると言っても過言ではありません。

取り戻せなければ、日本は中国と覇権争いをする米国の駒として使われ、最悪の場合、中国との戦争の「捨て石」にされてしまう可能性すらあります。従属の代償は、取り返しがつかないくらい高くつくでしょう。

日本がとるべきミサイル・核政策

最後に、本書のテーマであるミサイルと核兵器に関して日本がどのような政策をとるべきかについて、私見を述べて終わりたいと思います。

ミサイルについても、核についても、米中の緊張緩和を図り対立を克服する中で、軍拡競争から軍備管理・軍縮へと流れを転換させていく必要があります。

米国は2019年にINF全廃条約から離脱する際、米中露3ヵ国の新たな軍備管理の枠組みを追求したい考えを表明しましたが、中国は明確に拒否しました。

中国はその理由を「米国はこの地域の潜在的な敵に対して圧倒的な軍事的優位性を有している。たとえば、海上発射型および空中発射型のミサイルにおいては優位に立っている。軍事力について語る時に地上発射型ミサイルだけに注目すべきではない」（傅聡・外交部軍備管理局長）と説明しました。

新たなミサイル軍備管理の枠組みを構想するにあたっては、現在中国が優位に立っている地上発射型中距離ミサイルだけではなく、海上発射型や空中発射型の中距離ミサイルも対象にする必要があります。

核兵器については、まずは使用の可能性を低減することが重要です。その方策の一つが、核兵器の先制不使用宣言です。中国はすでに宣言しているので、米国も宣言すれば、少なくとも米中の間では核戦争のリスクを下げることができます。より確実なのは、中国が提案している核兵器の先制不使用条約の締結です。

これまで日本政府は、抑止力が弱まるという理由で、米国が核兵器の先制不使用宣言をすることに反対してきました。米国の「核の傘」に、仮想敵国の通常戦力による武力攻撃を抑止する役割も望んできたからです。

しかし、これでは核戦争のリスクを下げることはできません。

核兵器の非人道性を身をもって知る「唯一の戦争被爆国」の日本が、いつまでも米国の「核の傘」にしがみついていてよいのでしょうか。米国の「核の傘」がなければ、日本は守れないのでしょうか。

フィリピンは日本と同じく米国の同盟国ですが、米国の「核の傘」には入っていません。

１９８７年に改正されたフィリピン憲法は「領土内において核兵器から自由となる政策を採用し追求する」（第2条8項）と定めています。これに基づきフィリピンは東南アジア非核兵器地帯条約（２００１年に批准）や核兵器禁止条約（２０２１年に批准）にも参加しています。

南シナ海で中国の脅威にさらされているフィリピンですが、米国の「核の傘」を利用しようとは考えていないのです。

日本も、米国の同盟国でありながら「核の傘」には入らない外交安全保障に転換し、米国に核兵器の先制不使用を宣言するように促すべきです。

「唯一の戦争被爆国」の日本が米国の「核の傘」から離脱し、核兵器禁止条約に参加すれば、「核兵器のない世界」の実現に向けて大きな後押しになるはずです。

北東アジアには、北朝鮮の核兵器問題も存在しています。北朝鮮による核兵器の開発・保有は核兵器不拡散条約（NPT）違反で許されるものではありませんが、北朝鮮が米国を脅威に感じている限り、核兵器を放棄することはないでしょう。北朝鮮の非核化を実現するには、米国が北朝鮮を先制攻撃しないことを約束し、朝鮮戦争を正式に終わらせて敵対関係を解消する以外に方法はないと思います。それを後押しするのが日本の役割です。

そして、70年以上休戦状態が続く朝鮮戦争を正式に終結させるためにも、この戦争の当事国である米国と中国の対立の克服が不可欠です。容易ではありませんが、これが実現できた時、東アジアの冷戦は終わり、「平和共存」の地域に大きく近づくはずです。

日本がこれを後押しできるかどうかは、日本国民の選択と行動にかかっています。

おわりに

本書のゲラの校正作業を行っている最中の2024年7月28日、東京で日米安全保障協議委員会（2プラス2）の会合が開催されました。

会合後、在日米軍司令部を再編して作戦指揮権限のある統合軍司令部を新設し、自衛隊の統合作戦司令部との作戦面での連携を強化する方針が発表されました。目指すのは、日本やその周辺地域（台湾海峡や朝鮮半島など）でいつ戦争が起きても在日米軍と自衛隊が一丸となって戦える体制の構築です。

オースティン米国防長官は記者会見で「在日米軍の創設以来最も重要な変化であり、日本との軍事上の関係において過去70年で最も強力な進展の一つ」と述べましたが、評価としてはまさにそのとおりだと私も思います。

この日は、日米安全保障協議委員会とは別に、拡大抑止（「核の傘」）に関する日米閣僚会合も開かれました。日米の閣僚が「核の傘」にテーマを絞った会合を持ったのは史上初めてのことです。

さらに、日米韓防衛相会談も同じ日に開かれ、3ヵ国の安全保障協力を制度化する「安全保障協力枠組みに関する協力覚書」に署名しました。

私が安全保障問題の取材を始めてからまもなく25年になりますが、こんなに重大な出来事が一日に三つも集中したのは記憶にありません。いずれも、一昔前だったら考えられないような出来事です。それが一気に実現したわけですから、事態が進むスピードのあまりの速さに戸惑うばかりです。

米国は、自由と民主主義を基調とする国際秩序が中国を始めとする権威主義国家の挑戦を受けているとして、同盟国やパートナー国の力を束ねてこれに対抗しようとしています。岸田首相が米国議会での演説(2024年4月)で「『自由と民主主義』という名の宇宙船で、日本は米国の仲間の船員であることを誇りに思う」「日本は米国と共にある」と語ったように、日本も米国と共に中国を始めとする権威主義国家に対抗し、いざという時は「共に戦う」準備まで進めています。

私が一番違和感を覚えるのは、「中国などの挑戦から民主主義を守るため」と大義を掲げながら、国内の民主主義を疎かにしているところです。

本書で述べたように、日米両政府は現在、中国の台湾侵攻を抑止し、抑止に失敗した場合は共に戦って台湾を防衛できるだけの軍備強化を急ピッチで進めています。

しかし、「専守防衛」を国是とする日本が、なぜ台湾防衛に軍事的にコミットするのか。1972年の日中共同声明や「中華人民共和国政府と台湾との間の対立の問題は、基本的には中国の国内問題であると考える」とした過去の政府見解との整合性はどうなるのか。米国と共に台湾有事に介入した場合、日本が受ける被害はどのようなものになると想定されるのか。こうした問いについて、日本政府は国民にきちんと説明していません。ですから当然、国民のコンセンサスも得られていません。

新聞通信調査会が2023年夏に実施した世論調査では、中国が台湾を攻撃した場合の日本の関与について、自衛隊が米軍と共に中国軍と戦うべきと答えた人は約13%でした。在日米軍基地の使用は認めたとしても自衛隊は一切関与すべきではないと答えた人は約23%、在日米軍基地の使用も含めて軍事面では一切関与すべきではないと答えた人は約27%と、約半数が自衛隊は関与すべきではないという意見でした。

国土が戦場になり国民の生命・財産に甚大な被害が生じるリスクがある政策を、政府が国民にきちんと説明せず、コンセンサスを得ないまま進めるのは、民主主義とは言えません。「民主主義を守る」という大義を掲げながら国内の民主主義を疎かにするのは、矛盾しています。

ただ、日本の安全保障政策が民主主義を疎かにするのは今に始まったことではありません。第5章で紹介した「核密約」に象徴されるように、日本政府は米国の軍事的要請に応えるためなら国民に嘘をつくことも厭(いと)いませんでした。安全保障に関しては、日本政府は一貫して国民よりも米国政府の方を向いてきたと言ってもいいでしょう。

現在の日本政府は、たとえ従属していても米国にどこまでもついていくことが日本の国益になると信じ込み、思考停止しているように私には見えます。このような政府をこのまま放置しておくと、私たちは「戦争」（最悪の場合は核戦争）という非常に高いツケを払わされる事態になりかねません。

国民の自立がなければ政府の自立もありません。政府のスタンスを従属から自立に変えるには、国民の自立が不可欠です。本書の最後で石橋湛山を取り上げたのも、今の日本に一番必要なのは湛山の独立自尊の精神だと考えたからです。

私たちに残された時間はもう長くないかもしれませんが、この国を再び戦場にしないために多くの人が独立自尊の精神をもって立ち上がることを切に願っています。

最後に、この本をつくるのにご協力いただいたすべての方と、日頃から私の活動を支えてくださっているみなさまに、心からの感謝を申し上げます。

布施　祐仁

主要参考文献

秋山信将、高橋杉雄編『「核の忘却」の終わり――核兵器復権の時代』勁草書房、2019年
明田川融『日米行政協定の政治史――日米地位協定研究序説』法政大学出版局、1999年
石井明、朱建栄、添谷芳秀、林暁光編『記録と考証 日中国交正常化・日中平和友好条約締結交渉』岩波書店、2003年
板山真弓『日米同盟における共同防衛体制の形成――条約締結から「日米防衛協力のための指針」策定まで』ミネルヴァ書房、2020年
岩間陽子編『核共有の現実――NATOの経験と日本』信山社、2023年
エリオット・アッカーマン、ジェイムズ・スタヴリディス著、熊谷千寿訳『2034 米中戦争』二見書房、2021年
太田昌克、兼原信克、髙見澤將林、番匠幸一郎『核兵器について、本音で話そう』新潮社、2022年
太田昌克『日本はなぜ核を手放せないのか――「非核」の死角』岩波書店、2015年
姜克實『晩年の石橋湛山と平和主義――脱冷戦と護憲・軍備全廃の理想を目指して』明石書店、2006年
グレアム・アリソン著、藤原朝子訳『米中戦争前夜――新旧大国を衝突させる歴史の法則と回避のシナリオ』ダイヤモンド社、2017年
古関彰一『対米従属の構造』みすず書房、2020年
白井聡『国体論――菊と星条旗』集英社、2018年
ジョセフ・M・シラキューサ著、栗田真広訳『核兵器』創元社、2024年
末浪靖司『「日米指揮権密約」の研究――自衛隊はなぜ、海外へ派兵されるのか』創元社、2017年
末浪靖司『機密解禁文書にみる日米同盟――アメリカ国立公文書館からの報告』高文研、2015年

園田耕司『覇権国家アメリカ「対中強硬」の深淵――米中「新冷戦」構造と高まる台湾有事リスク』朝日新聞出版、2024年
高橋杉雄『現代戦略論――大国間競争時代の安全保障』並木書房、2023年
恒川惠市『新興国は世界を変えるか――29ヵ国の経済・民主化・軍事行動』中央公論新社、2023年
防衛省防衛研究所戦史研究センター編『オーラル・ヒストリー　冷戦期の防衛力整備と同盟政策3』防衛省防衛研究所、2014年
新原昭治『密約の戦後史――日本は「アメリカの核戦争基地」である』創元社、2021年
服部龍二『日中国交正常化――田中角栄、大平正芳、官僚たちの挑戦』中央公論新社、2011年
ピーター・ハクソーゼン著、秋山信雄、神保雅博訳『対潜海域――キューバ危機　幻の核戦争』原書房、2003年
布施祐仁『日米同盟・最後のリスク――なぜ米軍のミサイルが日本に配備されるのか』創元社、2022年
牧野愛博『沖縄有事　ウクライナ、台湾、そして日本――戦争の世界地図を読み解く』文藝春秋、2023年
増田弘『石橋湛山――リベラリストの真髄』中央公論新社、1995年
松田武『自発的隷従の日米関係史――日米安保と戦後』岩波書店、2022年
マーティン・J・シャーウィン著、三浦元博訳『キューバ・ミサイル危機――広島・長崎から核戦争の瀬戸際へ　1945－62』(上・下)白水社、2022年
森本敏、小原凡司編著『台湾有事のシナリオ――日本の安全保障を検証する』ミネルヴァ書房、2022年
矢部宏治『知ってはいけない――隠された日本支配の構造』講談社、2017年
矢部宏治『知ってはいけない2――日本の主権はこうして失われた』講談社、2018年
吉田敏浩『昭和史からの警鐘――松本清張と半藤一利が残したメッセージ』毎日新聞出版、2023年

講談社現代新書　2754

従属の代償　日米軍事一体化の真実

二〇二四年九月二〇日第一刷発行　二〇二五年六月六日第四刷発行

著者　布施祐仁　

発行者　篠木和久

発行所　株式会社講談社

東京都文京区音羽二丁目一二―二一　郵便番号一一二―八〇〇一

電話　〇三―五三九五―三五二一　編集（現代新書）

〇三―五三九五―五八一七　販売

〇三―五三九五―三六一五　業務

装幀者　中島英樹／中島デザイン

印刷所　株式会社ＫＰＳプロダクツ

製本所　株式会社ＫＰＳプロダクツ

定価はカバーに表示してあります　Printed in Japan

N.D.C. 319.8　254p　18cm

ISBN978-4-06-532530-8

「講談社現代新書」の刊行にあたって

教養は万人が身をもって養い創造すべきものであって、一部の専門家の占有物として、ただ一方的に人々の手もとに配布され伝達されうるものではありません。

しかし、不幸にしてわが国の現状では、教養の重要な養いとなるべき書物は、ほとんど講壇からの天下りや単なる解説に終始し、知識技術を真剣に希求する青少年・学生・一般民衆の根本的な疑問や興味は、けっして十分に答えられ、解きほぐされ、手引きされることがありません。万人の内奥から発した真正の教養への芽ばえが、こうして放置され、むなしく滅びさる運命にゆだねられているのです。

このことは、中・高校だけで教育をおわる人々の成長をはばんでいるだけでなく、大学に進んだり、インテリと目されたりする人々の精神力の健康さえもむしばみ、わが国の文化の実質をまことに脆弱なものにしています。単なる博識以上の根強い思索力・判断力、および確かな技術にささえられた教養を必要とする日本の将来にとって、これは真剣に憂慮されなければならない事態であるといわなければなりません。

わたしたちの「講談社現代新書」は、この事態の克服を意図して計画されたものです。これによってわたしたちは、講壇からの天下りでもなく、単なる解説書でもない、もっぱら万人の魂に生ずる初発的かつ根本的な問題をとらえ、掘り起こし、手引きし、しかも最新の知識への展望を万人に確立させる書物を、新しく世の中に送り出したいと念願しています。

わたしたちは、創業以来民衆を対象とする啓蒙の仕事に専心してきた講談社にとって、これこそもっともふさわしい課題であり、伝統ある出版社としての義務でもあると考えているのです。

一九六四年四月　野間省一